逆袭

人生进阶
的基本逻辑

李源 / 著

北京联合出版公司
Beijing United Publishing Co.,Ltd.

图书在版编目（CIP）数据

逆袭 / 李源著 . -- 北京：北京联合出版公司 , 2019.5（2020.4重印）
ISBN 978-7-5596-3024-7

Ⅰ . ①逆… Ⅱ . ①李… Ⅲ . ①成功心理－通俗读物 Ⅳ . ① B848.4-49

中国版本图书馆 CIP 数据核字（2019）第 048016 号

逆袭

作　　者：李　源
选题策划：索　析
责任编辑：高霁月
出版统筹：谭燕春
特约监制：高继书

北京联合出版公司出版
（北京市西城区德外大街 83 号楼 9 层 10 0088）
北京联合天畅文化传播公司发行
三河市华成印务有限公司印刷　新华书店经销
字数 217 千字　880mm×1230mm　1/32　8.5 印张
2019 年 5 月第 1 版　2020 年 4 月第 2 次印刷
ISBN 978-7-5596-3024-7
定价：48.00 元

目　录

二 逆袭的逻辑

第三章

英格瓦·坎普拉德：宜家的伟大，源于升维思考

第四章

东野圭吾："学渣"智慧闪闪发光

三 人生进阶指南

第五章
李叔同：人生不断上升的终极心法

第六章
查理·芒格：扩展能力圈，突破思维边界

四 复杂时代的明白人

五 寻常路不要走

六　日拱一卒，持续精进

自序
30 岁前后，该聊聊人生了

说起这本书的渊源，还是四年前。

那次，我和"新精英"创始人古典老师、教育界前辈侯瑞琦老师一起谈天。古老师有句话让我印象深刻："30 岁之前，人们喜欢聊理想；30 岁之后，反倒更需要聊人生。"

人在江湖，有了一定阅历后，需要的将不只是职业技能，而是面对世界、面向人心的心法。

在大学毕业之前，我们都喜欢读一些有干货的书，追求技能和方法，相信依靠实力、努力就能改变世界。后来，与世界碰撞久了，我们终将只能找到一条属于自己的孤独窄路。从那一刻起，方法的边际效用递减，反倒是人生的智慧开始大放异彩。

人生就像是去一个陌生的地方拜访老友。我们在家里会做足准备，查地图，规划路线，研究路况。

上路后，我们才会发现，地图查得再仔细，路线规划得再周全，还是会遇到各种不确定，经常有出人意料的状况发生。一心赶路，反倒会错过路上的风景。

所以，只要最终能到达老朋友家里就足够了，至于如何到达，反倒没那么重要。

这本书的思路就这样诞生了。

对于很多人来说，关于人生，有一个永恒的话题：如何超越自身的局限，实现人生进阶。换个词来说，就是"逆袭"。

"逆袭"这个词，如今听起来有点不那么"体面"，我们更关心怎样雕琢好自己晶莹剔透的小世界，在40岁前实现财务自由，然后退休，而不是要弯道超车，抢滩登陆到大人物的琼楼玉宇之中。

大人物的故事也不再显得那么重要，因为他们离我们的生活过于遥远，找不到模仿路径。

逆袭似乎也是这世上不可多得的际遇，只有在好莱坞大片、韩剧里才有这种故事。

按照国家现行的规定，我们从离开大学到退休养老，大概有38年的时间。假设每4年有一次改变命运的机会，那么你总共有9次逆袭的机会。

假设你没有祖传的家产，也没有可以继承的社会资源，全靠自己猛打猛拼，这9次机会对你来说就无比重要，它们是你改变命运的主要途径。

逆袭是如此重要，可是很少有人专门地对这个话题进行过系统的梳理。

这本书选取的人物，他们的一生就是最好的案例。如果我们能从这些蹚出了一条路的人身上，提炼出他们的"逆袭"心法，对于我们实现人生的进阶，也会有一定的启发。

本书成稿之际，刚好也是我 30 岁的生日。

人的一生，就是一场认知升级。本书之中所提到的心法，多半也是我自己人生中的体悟。

我的案例和这十个心法，相信也会对你有用。

第一，人在不知道该做什么的时候，应该选择开张圣听，多点开花，千万不要贸然做选择。

我生在四线小城市。小时候，我觉得家乡挺牛的，出过抗日名将马占山和清军名将多隆阿。小学时，我和今天某一线明星的亲弟弟是同桌（当然那时候他还没火）。然而，有一天我在电视上看到他，他都不好意思说自己的家乡在哪里，我才知道这个城市有多小。

20 岁之前，我的人生卑微如一池浅水。在那段日子里，只有书的陪伴，目标也只有一个：早点离开这里，到外面的花花世界去看看。

当我搭乘着绿皮火车抵达北京，才发现自己选错了学校。

这倒不是因为宿舍之简陋令人发指——八个人挤在一间没有空调的 10 平方米小窝里，而是我的师兄告诉我：出去找工作，千万别自报家门，否则会有师兄师姐欺负你。这个忠告我没亲自考证过，但是根据我日后的体察，八九不离十。

除此之外，我发现自己选错了专业。

我上高中的那段时间，正是当年明月和百家讲坛大红大紫的时期，我幻想成为一个深谙历史的人，备受社会尊重，前途大好。于是，在填报志愿的时候，我毫不犹豫地选择了历史学专业。

然而，学历史并不意味着登上百家讲坛，而是找不到工作。

这就是我上一个十年的开始。不是有那么句话吗？今天流的眼泪，是当年脑子里进的水。这个苦果我认了，也吞了。

接下来该怎么办？经典的愚人船问题出现了。韩剧《信号》里有一部对讲机，可以跟十多年前的人说话，但是我手里没有这样一部对讲机。

总之，为了改变命运，我当时做了一个非常愚蠢的选择：猛攻历史，将来去国外深造，变成无敌大学霸。

结果，我把该买房子的钱拿去出国了，最终出国没有成功，还错过了换专业的时机。

在之后漫长的五年的时间里，我只能绝望地苦熬，默默地流完脑子里进的水。

其实，做选择并不难，难的是连选项是什么都不知道。这个时候该怎么办？

随着年龄增长，我慢慢摸索出一个对抗愚人船的方法：如果正确答案不确定，就把选项都列出来，当作一个花圃，每天都去浇点水，走着走着，自然会有曙光出现了。

如果我也有那么一部对讲机，我会告诉十年前的自己：赶紧辅修一个好找工作的专业，多去找实习机会，偶尔写点网络小说（或者连载文章也行），把所有积蓄都拿出来在北京买个房子。当然，恋爱也别忘了谈。

第二，是我的产品心得：东西放错了地方，才会出现"黑天鹅"。一切爆款的本质是混搭。

随着我人生第一年的错误开始，我慢慢进入了一个全新的世界。

学好一个专业并不难，难的是你能不能学得像。其实做学问不难，不停地发高质量论文就可以。

大三那年，我把一篇2万字的文章投给了《史学理论研究》。当时我是本科生，原则上这种顶级的期刊是不会给发表的，所以我就只署了学校的名字，没写学历。

后来，杂志社发来邮件，通知我文章可以发表。这件事引起了一个小事件。

我是一个无人知晓的新人，杂志社打电话到系里询问，系里老师问遍了博士和硕士，都说不知道有这么个人。幸好我有一个舍友在系里做事，告诉他们有我这号人。

当时，系里每年都会鼓励学生写文章参与评奖，我把这篇文章也拿去参选，结果得了三等奖。

如今十年过去了，拿了一等奖和二等奖的人，大部分还没有发表过核心期刊论文，但是他们博士毕业之后很多都成功地留在了大学里。

这告诉了我一个朴素的道理：与其怒刷存在感，不如好好混圈子。只不过当时我不太懂，也没人告诉我。

这篇文章距离今天已经有八年时间了。回想起来，之所以一个本科生能做成这样的事，还是得益于J.K.罗琳的心法：混搭。东西放错了地方，就会出现奇迹。

写这篇论文的时候，我原本是想认真研究一下欧洲历史，以备将来申请出国之用，因此读了很多想申请的导师的文章，是为了加深了解，方便和他沟通。在留学圈里，这叫"套磁"。

我把这些资料看完之后稍作整理，就秒杀了很多法文都读不懂的教授，顺利发表了。

这个心法之后一直是我做产品的心法：跨界，尝试搭接不同的领域，就能找到人生的一个又一个"黑天鹅"，迎来转机。

第三，我们穷尽一生都要避免一种叫"九连环格局"的事件。

一个错误总会连带着出现另一个错误。按照我大学期间的推理：想要成为厉害的学者，至少要是海归博士。因为家里穷，我还需要申请奖学金。

那些年，我拒绝了学生社团的一切邀请，一心和北大、清华的学霸们混在一起，亦步亦趋，全盘学霸化。

那日子极其难熬，我本就不擅长考试，却要考非常难的英语考试GRE。为了准备GRE，大半夜去厕所里背单词，还背下了《哈利·波特》电影里的所有台词。

需要专业论文，作为一个本科生我甚至发了一篇核心期刊论文。

需要学分绩点最高，我也做到了本系第一。

准备出国的经历，让我认识到了自然界存在一种现象，叫作九连环格局（这个概念的详细内容见本书附录）。

这种现象，就如同我们小时候玩的九连环，拆掉一环还有一环，一环连着一环，不拆掉最后一环就不算完，而且很有可能毁在最后一环，让你前功尽弃。

我不知道是谁发明了自主招生这种录取制度，真是让人抓狂。即使你方方面面都做到了最好，也未必能确保成功。也许你做到了99%，却倒在了最后一个环节，还可能是因为一些很可笑的因素。

但九连环事件就是这样。这类现象在社会上有很多，编剧、广告业，尤其是创业圈最多。某些资金链断裂的创业公司就是如此，他们一环扣一环地做大，本来前景一片光明，但最后一分钱难倒英雄汉，满盘皆输。

我以沉重的代价，换来了这个道理。

第四，为新中产寻找价值观和集体共同的生活方式。

我20多岁的人生，是从创业失败之后开始的。直到今天，我都特别感谢24岁的自己，因为我今天的一切都是从那时开始的。

2011年发生了很多事，其中一件是政府出台了"新国八条"，大意就是我不仅买不起北京的房子，而且也没有资格买了。

我准备出国的时候，买房送户口；等我不想出国的时候，没户口不让买房了，当然，也买不起了。

那年，我把还剩下的一点钱拿出来，去南方转了一圈。回来后，我做了一个决定，哪怕从最苦最累的事情做起，也要先学会赚钱。

当时我除了英语和学术能力还不错，其实一无所长，我只能翻译书，一本一万块钱，需要翻译半年时间。我就四处接稿子，终于弄来四本书翻译——其中一本书的翻译费，我到现在也没拿到。

我把赚来的钱一部分用于生活，另一部分用来买报纸、看电影。大概看了一年之后，我读到了改变一生的一句话。

那一年，国产电影的票房再度刷新纪录，《失恋33天》成为当年的黑马。北京大学戴锦华教授评价说："这是因为新兴的中产阶级迫切地需要价值观和集体共同的生活方式。"

好的内容都符合这句话的判断。沿着这条路走，不会错。

为了翻译书，我在人民大学图书馆里完整地读了一遍《卢梭传》。我发现，卢梭真是那代人的先锋，他的著作既不阳春白雪也不下里巴人，专为中产阶级读者写的。《爱弥儿》里面讲母乳喂养，《新爱洛漪丝》里面在讲所有相遇都是久别重逢，《忏悔录》里写的是别让未来的你责怪今天的自己。

卢梭选择了一种读书人的新活法，他的这个活法，也可以成为我未来的活法。

两年之后，我找到了。

第五，小成靠修行，大成看发心。

伴随着《哈利波特》电影七部曲的收官，我悟出来一个新的道理。

《哈利·波特与死亡圣器》里有个细节我很感触：杀死伏地魔的最后一步，哈利要先杀掉自己，因为他身体里面也有伏地魔的一部分。

　　假设我决定选择新活法，我就得先离开大学。可是我投入了五年的宝贵时光，除了写论文我什么都不会。

　　历史专业找工作也不容易。那几年，我特别爱看职场真人秀节目。多年以后，我有一位博士师姐也去参加了真人秀节目。我发现他们能给出的工资也就是几千块钱，在北京维持生活都很艰难。

　　接下来，我是该把我仅存的那点功底，当作哈利身体里的伏地魔杀死呢？还是自己变成伏地魔，成为他的一部分呢？

　　To be or not to be，这还真是个问题。

　　我发现在北京想不清楚这个问题，就申请去中国台湾访学半年。我相信半年之后应该能想清楚了，反正 2012 年是玛雅人的世界末日，就算不能生活在别处，我大不了灭亡在别处。

　　果不其然，台湾真是个思考问题的好地方。我住在大山里的宿舍，除了读国学、佛经之外，平日里闭门不出。

　　终于，我悟出来了一个道理：小成靠修行，大成看发心。

　　临去台湾之前，我和班主任聊天。天下着雨，我们打着伞在校园里漫步，他语重心长地对我说："做学问是为自己，出来工作都是为了别人呀。"

　　《论语》里面说得好："古之学者为己，今之学者为人。"可是，为人做的学问又有什么错呢？人这辈子，扛起自己最难。放下自己，天地皆宽阔。《水浒》里的林冲，他只为自己活，活得无比憋屈；再看鲁提辖，一辈子救苦救难，他活得多潇洒！

　　关于刚才那个伏地魔问题，邓布利多教授跟哈利说：It is not how you are alike, It is how you are not.（重点不在于你和伏地魔有多像，而是有多不像。）

我不想做一个只会发论文的人。2012年的世界末日，我向死而生，从今往后，专注于启蒙，为别人读书，不为自high。

从前种种譬如昨日死，后来种种譬如今日生。

在台湾最后的日子里，我一边把自己看过的书和想看的书编成了目录，一边准备随时开溜。

从台湾回来后，我住在上海的一家小旅店里，打开电脑屏幕，看到了一个在讲书的胖子，那一期叫《夹缝中的80后》，说得句句在理。

半年之后，我加入了那个团队，从此告别了深耕了五年的大学。

第六，反直觉思维是强者的终极心法。

在我25岁生日那一天，发生了两件大事：其一是我的硕士论文选题被导师毙了。其二是我回到宿舍刷微博，看到"罗辑思维"在招募策划人，就马上报名了。

念念不忘，必有回响。

那个时候，罗辑思维刚开播半年，影响力如日中天。三年时间，我把选题整理成了一箱箱的档案，原本早都落满了灰尘，现在这些囤积的档案终于有了用武之地。

当然，这一年对我改变最大的并不是参与了当时最有影响力的社群自媒体团队，也不是写出了很多爆款节目，而是我在写策划的过程中，悟出来了很多道理。

原来，有些所谓的思想家说的话，底层逻辑都是错的。评论家看人挑担不吃力，真正做事的逻辑是完全不一样的。甚至很多知名人物公开场合说的往往都是假话，反过来思考才是真相。

很多专业学者他们能得出来的结论，不过都是直觉思维，这是典型的弱者思维。强者思维天然是一种反直觉思维，和人性作战：别人恐惧我贪婪，别人贪婪我恐惧。

巴菲特的这句话很多人都听过，但是真正运用在行动和选择中，却是一项需要毕生修炼的功课。对自己的人性要有清晰的认知，不从众，不被自己内心的贪嗔痴所打败，说起来容易，做起来难。

在"罗辑思维"两年多的时间里，我一共策划了近 40 期节目，其主体的价值观都是在介绍这种反直觉–强者思维，这也成了我后来自己开课、写作要传递的重点心法。

第七，当你尝试着从经济学的维度去思考和看待事物时，往往会别有洞天。

27 岁那年，我开始整理心法清单。也是从那一年开始，我迷上了杜月笙。

我一直很好奇：究竟是什么样的力量，能让一个出身寒微、职业卑贱的人用一生来洗白，最终使自己从"小赤佬"变成了"大先生"？

杜月笙的心法其实不复杂，他懂人性：人都是经济动物，在这个维度上，不管对方是达官贵人，还是学界翘楚，只要能够急他所需，就能得到尊重。

在《水浒传》里，宋江走到哪里都有人纳头便拜，他靠的也是常说的一句话："我宋江颇有家私，这点心意还望兄弟笑纳。"

金圣叹看不起宋江，但是他也做不出宋江那样的事业来。

很多时候，从经济学的维度思考世界，更容易别有洞天。

第八，不要轻易和控制思维很强的人深度合作，要学会协作思维和交易思维。

有段时间，我迷上了大刘的《三体》。我发现，"黑暗森林"不仅是历史的真相，也是职场的真相。很多老板想让员工成为只会做一件事的螺丝钉，至于员工的个人发展，与他无关。

人的一生总要经历这么几个阶段，从员工到乙方，从乙方到甲方。逆水行舟，不进则退。做了过河卒子，就没有退路，只能拼命向前。

选择自由职业，不是因为我们不看好公司的未来，只不过是因为很多身在其中的人不明白：组织好和你自己好，其实没有什么必然联系。你不过就是一名打工仔，那些骄傲并不属于你。

在本书附录里，我讲过拓展人脉和职业生涯的三个方法：围点打援法、漫天撒花法和快速投资法。

一个人想要成长，就必须认清自己的能力圈，拓展自己的人脉圈。只要你目标清晰，这些都会帮你成就梦想。

想要自由地与人协作，就不要把自己卖给一个人或者一个组织。要让自己获取信息的能力无限增强，与人协作的结构关系变得复杂。当然，前提是你要有充分的自由。

在不知道下一步该做什么的时候，不如多点开花，积极尝试，你早晚会找到属于自己的世界。

于是，从那一年开始，我尝试了很多新鲜事物：写剧本，拍视频，做乙方，还到处讲课做分享。

第九，成长不是变强壮，而是能够应对变化。或者说：告别稳定是成长之路的必然代价。

2016 年流行一个概念：斜杠青年。很多人羡慕斜杠青年的生活，他们熟读《富爸爸穷爸爸》，知道人生有三座大山：老板、税收、银行贷款和信用卡。这三座大山掏空了上班族的钱袋，让他们深陷债务中。

但是熟读归熟读，很多人没有勇气辞职。《富爸爸与穷爸爸》的作者罗伯特·清崎只描述了自由的一面，没有告诉他们自由的另一个侧面：代价。

选择并承受代价，才是富人思维的特点。

穷人的主要问题是不敢承受这个代价，一怕穷，二怕失败，三怕自己的小世界被颠覆。

富人能够正确地理解代价，把它当作成长的阶梯。

成长未必是让自己变得有多强大，而是看自己敢于承受多大代价。

我自己有个算法，如果你的存款足够支撑一年，那么这一年的自由时间能够有较大概率让你创造三倍以上现在的年收入。你可以把时间用于社交，用于尝试创业，或者积累被动收入的资产。哪怕是旅行思考，它们都可以作为杠杆，撬动你的收入。我姑且称之为"时间 – 收入杠杆原理"。

可是，如果你的收入是按月固定领取，扣去房租、房贷之后全部清零，那你的三倍以上的年收入又从何而来？

很多人陷入到这样的循环里无法自拔，始终拿不出一年的自由时间来，就活成了房奴、卡奴。

想明白这个道理之后，我先是跟搜狐大佬合伙创业，又开始做课程，积累知识产权，一年之后才有了现在的积累。

第十，在稳定、赚钱和冒险之间保持精妙的平衡，这是每个不甘平庸之人的必修课。

最近一段时间，我发现一个现象：大学老师虽然财富积累不多，但是他们很快乐，活得很充实，比很多每天方死方生的创业者要幸福多了。曾国藩一生戎马，拜将封侯，但是他 50 岁之后的家书里却出现了大量关于自杀的言论。

那个嘲笑富商有钱之后也不过是钓鱼的渔民，虽然有点可悲，但是我越来越怀疑：他和富商到底谁更幸福？

幸福来自于安全、稳定。所以，大思想家往往来自于小镇。因为小镇安全、稳定，适合从事风险极高的思考和创作。

这个世界有个规律：真正能在高风险行业得到高回报的人，往往都是进可攻退可守的人。用一句通俗点的话来说就是：财不入急门。

《反脆弱》的作者塔勒布告诉我们一个道理：想要高回报，就不能总让自己暴露在危险之下，而是进可攻退可守。他把时间切割成三年一组，两年涉足高风险的股市，一年完全放空写作。

他把这种思维叫作"杠铃策略"。然而，没有充分的安全，你不可能真正过上杠铃式生活。

所以，想要放大"时间－收入杠杆"，我们还真不能彻底放弃安全和稳定。当然，想要放大时间－收入杠杆，还离不开源源不断的收入。

最近，欧美有个运动叫 FIRE（the Financial Independence, Retire Early movement，财务自由、提前退休运动），大意是当你的储蓄达到了现在年收入的 25 倍，只要这笔钱未来能有每年 4% 的复合收益率，你就可以退休了。当然，前提是克制欲望，控制消费，强制储蓄，只花利息。

很多人对这个说法不以为然：1988 年，你手里有 10 万元存款，你敢提前退休吗？面对通胀，面对子女的教育成本，面对父母的养老支出，你还敢说自己有 25 倍的年收入就安全了吗？

假设你有巴菲特的本领，持续 25 年的年复合收益率达到 16%，你才能说自己安全，没有后顾之忧。可我们真不能幻想自己是股神，还是要好好赚钱，为自己放大"时间－收入杠杆"，准备好充足的物质基础。

只有在稳定、赚钱和冒险三者之间保持精妙的平衡，才有可能活出富足、幸福且剽悍的人生。

一转眼就到了三十岁。人到三十，本来就该换个活法，这最后一个心法，就是我对自己未来十年的要求。

十年，能发生很多事情。

十年前，北京房价只有现在的十分之一，微信还没有出现，大家盼着中国的 GDP 什么时候能超过日本，诺基亚是全世界最大的手机制造商。

但是，十年对于很多人来说，是缺乏变化的。我的大学老师还在讲着十年前的课程，清华南门的万圣书园里还在卖着十年前的那些书。

然而，对于很多人来说，十年时间里发生了翻天覆地的变化：他们可能开了自己的公司，实现了财务自由，获得了不小的成就，或者找准了一个让自己满意的奋斗方向。简而言之，他们逆袭成功了。相信你也能早日找到一条属于自己的逆袭之路。

是为序。

2018 年岁末
于北京新源大街

一 如何将不可能变为可能

第一章
诸葛亮：人生的场面和局面

绝大多数人到了一定人生阶段的时候，都会遇到一个瓶颈，我称之为"中等收入陷阱"。当然，这原本是一个经济学中的概念。很多国家在发展到人均 GDP 大概 3000 美元之后，便会始终保持在这个水平，无法继续增长，就好像进入了一个陷阱，在里面来回打转，再也走不出来。

其实，很多人的收入也会遭遇"中等收入陷阱"，达到税后 2 万元左右后（刚好是 3000 美元），便会在这个数字上徘徊。很多人到了 40 岁左右，依然卡在这个陷阱里出不来。

其实，绝大多数被困在"中等收入陷阱"里的人，缺乏的是一种资源整合能力。

如今，很多人都喜欢把"资源整合"挂在嘴边，听起来这种能力似乎指的是混圈子的能力，只要你认识很多人，你就能具备资源整合能力。然而，事实并非如此。

根据这些年的观察，我发现那些身家好几千万的富豪与挣扎在"中等收入陷阱"里的人，他们之间最大的区别便是：中等收入的人是在用自己的时间来换钱，或是做一些小项目，赚点上下游的差价；而逃离了"中等收入陷阱"的人，不会用时间来换钱，相反，钱在他们的生活中只是一串数字和进度条，他们真正追求的是两样东西，其一为场面，其二为局面。

场面指的是，当你在做一件事的时候，谁在配合你、帮助你，谁是你的支持者、谁是你的盟友以及谁是你的敌人。

而局面指的是，你所做的这件事在整个行业中处于什么阶段。打个比方，整个行业中的所有同类项目就好像是一个班级，你需要了解，你所做的项目在班级中的排名是第几位；或者，你的项目有什么独到之处，能否在班级里找到自己的位置。

那些企业家和大公司里的高管追求的便是这两样东西。而绝大多数中等收入的人，他们的场面仅仅是在公司或单位里的位置，甚至沉溺于办公室政治中；他们的局面仅仅是手里的"活儿"，而且还并不是自己的活儿，而是老板的活儿：一方面，他自己做不了主；另一方面，他不承担相应的责任。如果活儿做砸了，赔钱了，他可以辞职，让老板来背锅，但如果这个活儿赚了很多钱，大部分收入也是归老板所有，他只能拿固定的工资。

这就是两者之间的区别。绝大多数遭遇"中等收入陷阱"的人，他们的人生"天花板"就在于场面和局面。

那么，有什么方法能够扩展自己的场面和局面呢？关于这个话题，结合诸葛亮来阐释，再合适不过了。

隐藏在《隆中对》中的秘密

很多人对诸葛亮很熟悉。在小说里，诸葛亮是一位神人，擅长使用权谋，懂得排兵布阵，上通天文下晓地理。但是，作为《三国演义》的主角，他也不可避免会遇到一个问题——主角光环太强。就像鲁迅先生曾说过的："欲显刘备之长厚而似伪，状诸葛之多智而近妖。"也是由于这一点，导致很多人不喜欢诸葛亮，觉得他其实并没有那么大的功劳。比如，赤壁之战其实是周瑜指挥的，刘备取西川其实是庞统的主意，庞统死后，刘备指挥夷陵之战被火烧连营七百里，这时诸葛亮又在干什么呢？后来刘备死后，诸葛亮接盘，辅佐着一个无能的刘阿斗，一心只知道打仗，耗尽民财，而且在蜀国横行霸道，排除异己，俨然是一位腹黑政治家。

然而，小说里的诸葛亮与真实的诸葛亮是不同的。所以，我要为大家重新解读诸葛亮。

大家应该都熟悉与诸葛亮有关的两篇文章，一篇是《隆中对》，一篇是《出师表》，从这两篇文章中，我们可以看到一个完全不同的诸葛亮。

诸葛亮出生于公元181年，父亲诸葛珪当年做过郡丞（大概相当于今天的副市长）。他的伯父诸葛玄，当年做过太守（相当于今天的市委书记）。后来，因为战乱，诸葛珪被杀，诸葛亮无奈之下逃到乡下躲避战乱，所以他在《出师表》中说自己是"苟全性命于乱世，不求闻达于诸侯"。

诸葛亮登上历史舞台是在公元208年，赤壁之战也发生在这一年。27岁的他英姿勃发，他的登场改变了整个三国的局面。

介绍一下当时的历史背景。在诸葛亮登场之前，三国基本上就是曹操横扫中原，破黄巾，诛吕布，平袁术，灭袁绍，基本上以河南为中心，平定了北方大部分地区。他只有一个对手没有搞定：刘备。

如果你仔细查看三国的历史，你会发现，在诸葛亮登场之前，刘备始终都在被曹操"爆捶"。

他们的首次较量，是在第一次徐州会战。当时，徐州刺史陶谦死后，徐州当地的一些士大夫，比如糜竺、孙乾等人，一起推举刘备做了徐州牧，于是刘备也成了一位割据一方的诸侯。然而，他的军队一旦遭遇曹军，就立即崩溃了，连战连败。

就在情况最危急的时候，吕布来投奔刘备，一起守卫徐州。然而不久之后，曹操就用计离间了吕布和刘备的关系，结果吕布反客为主，从刘备手中夺得徐州，把刘备赶到了许都去投奔曹操。这是第二次徐州会战。

再后来，刘备又打着灭袁术的旗号，逃出了许都，回师徐州。曹操听说了这件事，又派兵前去攻打。第三次徐州会战爆发了。最终，曹操又一次把刘备打得仓皇逃窜，还掳走了他的老婆孩子，顺带抓走了关羽。

刘备无奈之下，只身投奔袁绍。当时，袁绍在河北地区算是实力比较强劲的军阀。但曹操并不畏惧袁绍，他追到了北方，和袁绍决战。刘备见袁绍式微，便逃离河北，前去投奔刘表。

当时，刘表有个外戚蔡瑁就对刘表说："刘备走到哪里，曹操就追到哪里，咱们收留他，那下一个就奔着咱们来了。"果不其然，等到曹操灭掉了袁氏一族，收复整个河北后，又挥师南下荆州，再一次把刘备打得仓皇逃窜，占据了刘表的土地。刘备"弃新野，走樊城，败当阳，奔夏口"，一路往江南逃，几乎无处可逃了。

这一年是建安十三年（公元 208 年）。就在这个时候，诸葛亮登场了。此后，曹操和刘备斗争的局势被全面扭转了。

建安二十四年（公元 219 年）前后，刘备和诸葛亮的势力达到了鼎盛，不仅成功地占据了荆州，还取得了益州，控制了今天的西南和中南的绝大部分地区。此外，他们还出兵夺取了汉中。

夺下汉中之后，黄忠在定军山斩杀了曹操的堂弟夏侯渊。紧接着，刘备集团和曹操集团进行了一次总决战。在这次战争中，曹操败得一塌糊涂，还被射掉了两颗门牙。

至此，刘备已经占有了湖北、湖南、四川、云南、贵州以及陕西南部，差不多拥有一半天下，势力一度达到了鼎盛。这一次全面的反转，和诸葛亮有很大的关系，但这个关系，不是因为他运筹帷幄指挥战斗取得了胜利，而是因为另外一个原因。这个原因，我们在小说中是读不到的，它就藏在《隆中对》里。

我们回到故事的开始。公元 208 年，此时的曹操已经在官渡之战中赢得了胜利，袁绍伤心郁闷之下吐血而亡。接下来，曹操用了几年时间一路追杀袁绍的几个儿子，从河北追到了辽东，最后拿到了他们的首级，斩草除根，袁绍势力完全被清除。这个时候，曹操坐拥数十万雄兵，准备南下实现他人生最后一个愿望——平定江南，完成统一大业。

而此时的刘备正窝在刘表帐下，度日如年。首先，刘表这边外戚势力很强大，因为蔡瑁本来就是当地的土豪，刘表算是中央派过来的一名官员，到了当地就得听人家地头蛇的。他自己尚且做不了主，更何况刘备。

而且，此时蔡瑁觉得刘备对他来说是个威胁，是刘表在培植自己的势力，总觉得刘备碍眼，整天都想除掉他。

因此，这个时候的刘备连基本的生命安全都得不到保证。

就在此时，刘备认识了诸葛亮。两人第一次见面，诸葛亮就为刘备讲出了《隆中对》。其实，早在好几年前，诸葛亮就已经想好了这个《隆中对》，这是他准备的一个期货，就等着识货的人买入。最终，刘备就成了这个买主。因为《隆中对》直接给刘备指明了方向。

在《隆中对》的第一段，诸葛亮为刘备分析了当时的政治环境，告诉他，曹操不久就要南下了，"今操已拥百万之众""此诚不可与争锋"。这就意味着刘备还得接着跑，可是他能往哪儿跑呢？

当时刘备还有三个方向可去。第一个方向是往南，到达今天的广东地区，当时的广东人烟稀少，刘备去了就只能和少数民族一起生活。第二个方向是往西，去投奔刘璋。第三个方向是往东，去投奔孙权。

如果让刘备自己选择，他肯定会投奔刘璋，至少都是刘氏宗族的，说不定能收留他。看起来没有问题，但是这个选择是错的。如果曹操举兵南下，肯定是刘备往哪儿跑，他就往哪儿追，谁都不敢收留刘备，胆小的刘璋肯定也不会。然而，《隆中对》之所以厉害，就是因为诸葛亮告诉刘备，其实他可以不跑，而是与孙权结盟。而且，诸葛亮还给刘备提供了一整套解决方案，并帮助他完整地执行了这套方案。这才是诸葛亮最厉害的地方，然而《三国演义》中根本没有写到这一点。

那么，刘备为什么要与孙权结盟呢？这就要说到诸葛家族了。了解三国的人都会知道，诸葛家族是一个庞大的政治家族，形成了一个巨大的网络。

诸葛亮有个堂弟叫诸葛诞，他投效魏国，做到征东大将军，成了司马师和司马昭的左膀右臂。在曹魏时，征东大将军官位仅次于三公，统领青、兖、徐、扬四州。要知道，曹操控制的地盘有八个州（冀、青、幽、兖、徐、豫、荆，加上司隶州），他一个人就统领了最重要的四个州。此外，诸葛亮还有个好朋友叫孟公威（孟建），后来在曹魏也做到了征东大将军。

诸葛家族还有一支也在曹魏帐下，叫诸葛绪，他的儿子诸葛冲在晋朝担任廷尉，诸葛冲的孙女诸葛婉还嫁给了晋武帝司马炎。

诸葛亮的亲哥哥诸葛瑾，后来投效了东吴。诸葛瑾这支势力在东吴历史上起到了非常大的作用，诸葛瑾的儿子诸葛恪后来权倾朝野。

诸葛家族就是这样盘根错节地把所有子弟派往各个国家，分散风险，无论哪个国家取得最终的胜利，诸葛家族都能屹立不倒。

《隆中对》发生的时候，正是诸葛家族稳步布局，并且稍有起色的时候。此时，诸葛家族就剩下诸葛亮和诸葛均还没有找到合适的阵营。

诸葛亮是在南阳见到刘备的。南阳这个地方不简单。它是荆州九郡中最北边的一个郡，再往北就是曹操的地盘兖州，往西是张鲁的地盘汉中，往东是袁术的地盘豫州和后来孙策的地盘江左，往南是刘表的地盘荆州。诸葛亮之所以来到南阳种地，就是因为这个地方四通八达，什么消息都能第一时间知晓，可以完全掌握全国的局势。所以，虽然诸葛亮在《出师表》中说自己是"苟全性命于乱世，不求闻达于诸侯"，但其实，他对自己的未来有着周密的部署。

和刘备相比，诸葛亮最大的优势在于：刘备只知道中原的情况，不了解南方的情况，但是诸葛亮既了解北方的情况，又了解南方的情况，再加上诸葛家族的有利条件，他完全有可能帮助刘备完成人生中非常重要的一场布局。

利用结构洞反转局势

至此，就要讲到诸葛亮的第一个心法了。

首先，我要给大家介绍一个概念，叫作"结构洞"。这个概念是美国芝加哥大学社会学教授罗纳德·伯特在《结构洞：竞争的社会结构》一书中提出的。他说："结构洞是指两个关系人之间的非重复关系。结构洞是一个缓冲器，相当于电线线路中的绝缘器。其结果是，彼此之间存在结构洞的两个关系人向网络贡献的利益是可累加的，而非重叠的。"

这段话的意思就是说，绝大多数人，一辈子的人际关系都仅限于一个圈子。但是，在两个圈子之间，会存在一块区域。这块区域就叫作结构洞。比如，一个影视圈的人和一个互联网圈的人，他们的人脉完全不同，但如果这两个人叠加在一起，就可以在院线或者电视台之外，以互联网的形式宣发电影。这种合作方式往往会带来意想不到的惊喜。如今很多爆红的网络电视剧就是典型的例子。这就是结构洞的威力。

诸葛亮就是利用了结构洞，从而扭转了整个东汉末年的基本局势。

他通过兄长诸葛瑾了解到了孙氏集团的战略部署。周瑜在和孙策征战江东的时候，就定下过一个向西发展的战略，因为孙氏的地盘主要在浙江，东面靠海，南面是一片荒蛮之地，若要扩张，就只能向西。于是，周瑜建议孙策一路沿着长江建立一条防线，一直深入到四川，在整个长江流域建立自己的势力范围。

　　起初，这个策略只有他们两个人知道。后来，孙策遇刺身亡，孙权坐领江东。当时，孙权只有十几岁，帐下的鲁肃等人都觉得他太年轻了，打算另投明主。可是，江东基业是周瑜和孙策打下来的，周瑜肯定得想办法劝这些人留下，所以，他把自己的那套战略公之于众，众人一听表示赞同，便都留了下来。

　　再来看《隆中对》中诸葛亮提出的方案：先取荆州为佳，再向西取益州，作为自己的根据地，然后发展帝王大业。这其实根本不是诸葛亮原创的，而是周瑜战略中的一部分。

　　《三国演义》中讲到诸葛亮"三气周瑜"，这件事是怎么发生的呢？按照周瑜的设想，他应该先夺取荆州，接下来取西川，但孙权兵力有限，无法与曹操抗衡，于是他便把荆州借给了刘备，想和刘备一起对抗曹操。可是，刘备一旦占领了荆州，整个长江就被他切断了，周瑜原本的战略计划就无法执行下去了。但周瑜是个性格倔强的人，他还是想把这套战略继续执行下去。这样一来，周瑜和刘备之间就产生了很多冲突，在这个过程中，他一次又一次地被诸葛亮算计。这就是"三气周瑜"的来历。

　　就这样，诸葛亮通过诸葛瑾了解到了东吴内部的战略形势，然后又结合自身特点把个人战略分成两部分：一方面，利用孙权想要与曹操对抗到底的心思，鼓动孙权与曹操决战；另一方面，把周瑜计划中的一部分当作自己的计划。

　　于是，赤壁之战结束后，刘备就像一只股票一样，在跌停了十几年之后，终于迎来了人生的三个涨停板。

首先，赤壁之战之后，《隆中对》的第一步基本完成，尤其是在周瑜死后，他的战略计划没有人执行了，所以孙权就选择了北进，与曹操对战。为了形成掎角之势，孙权把自己在荆州的地盘借给了刘备，后来刘备又自己带兵攻下了荆州南部的四郡，基本占领了整个荆州。

接下来，在刘备基本上稳定了荆州之后，马超与曹操之间爆发了一场大战，马超战败，逃到了汉中，被张鲁收留。刘璋怕张鲁联合马超来攻打他，于是请求刘备入川援助自己。刘备得到消息，立即决定留下关羽看守荆州，自己带着主力出兵益州。不久，刘备就赶走了刘璋，占据了益州。这样就实现了《隆中对》的第二步：跨有荆、益州，夺取三分之一天下。

最后，是《隆中对》的第三步，刘备大军兵分两路，一路兵马从荆州北上，进攻河南；一路兵马从汉中出发，进攻西安，两路齐发，将曹操彻底击溃。刘备在汉中大封群臣，自立汉中王。刘备和曹操在汉中决战大胜之后，关羽就带着兵从荆州出发，进攻樊城，在樊城水淹七军，紧接着兵打襄阳，逼得曹操走投无路。

眼看着《隆中对》的战略就要实现了，刘备真的有可能在诸葛亮辅佐之下，夺取天下了。

然而，意外却发生了。

建安二十四年（公元219年），就在刘备夺取汉中、达到鼎盛的时候，孙权在背后捅了一刀。他派吕蒙偷袭了荆州，紧接着就是关羽走麦城、大意失荆州。刘备的两条腿被砍断了一条。为了继续跨有荆、益，刘备出师讨伐吴国，结果兵败猇亭，含恨而终。

从此以后，蜀汉政权就只能偏安一隅，虽然历经诸葛亮六出祁山、姜维多次北伐中原，但全都无果而终。最后，蜀国就自然地灭亡了。

于是，很多讨厌诸葛亮的人指出，《隆中对》有个根本缺陷——跨有荆、益在地理上根本无法实现。因为从益州到荆州，都是崇山峻岭，交通不便，从军事层面来说，是一个大弊端。刘备讨伐孙权的大军就因为后勤得不到保障，只能步步为营，所以才会被火烧连营七百里。

这种说法其实并不成立。根据历史学家的统计，当年刘备讨伐孙权的大军其实只有四万人，而且这四万人还不是刘备的精锐部队，他的精锐部队依然留在汉中盯防曹操。而孙权这边不仅是主场作战，而且他派出的是五万精锐。在人数和实力的多重劣势下，刘备自然会惨败。

可是，刘备既然如此渴望收复荆州，给关羽报仇，那么他为什么不派出精锐部队与孙权一决雌雄呢？关于这个问题，我们可以在史书中发现一些有趣的细节，而刘备失败的秘密就藏在这些细节中。

当时，诸葛亮和刘备觉得，荆州原本就是他们的地盘，那里的百姓听说他们要回来了，肯定望风而降。可是，他们在奔赴荆州的途中却发现，他们收获的却是当地人的拼死抵抗。

还有一个与此相似的细节。关羽从荆州出兵攻打曹操时，带着主力部队倾巢而出，根本没把孙权放在眼里，所以才会被吕蒙偷袭后方，导致大意失荆州。可实际上，关羽派出的这支部队也不是全部精锐，他把兵力一分为二，大部分主力依然在荆州。他在襄阳和曹操决战时，荆州并非无人防守。关羽听说荆州失守，立即回师来救，可是这个时候，大本营里的大部分人都已经投降东吴。关羽在往荆州赶的路上，频繁遭遇偷袭，这些人既不是山贼地痞，也不是东吴的人，而恰恰就是原本荆州集团的人。

那么，为什么孙权会反过来对付刘备？为什么刘备手下的人会背叛他？其根源在于刘备连下的三招臭棋。

第一招臭棋，暴力夺益州。

公元 211 年，益州牧刘璋担心张鲁攻打自己，帐下的法正、张松二人建议他把刘备请来，共同对抗张鲁集团。但是刘备到了益州之后，在葭萌关逗留不进，既不打张鲁，也不回荆州。紧接着，张松和法正"废璋迎备"的阴谋败露，张松被刘璋所杀。刘备转而回师攻打益州，让诸葛亮带着张飞、赵云前来援助，最后攻破了益州。他废掉了刘璋，将其安置在公安，由关羽负责看守。

这件事让孙权觉得孙刘联盟出现了重大危机。刘璋的下场让孙权看透了刘备这个人的本质：表面上谈的都是理想，背地里却是在为自己谋利，完全不顾盟友死活。

第二招臭棋，进位汉中王。

马超见刘备夺取了益州，也觉得自己不安全了，就投降了刘备。要知道，马超是曾经的西凉刺史马腾的儿子，他和刘备是平级的，都是诸侯。可以说，马超的归附，是刘备人生中第一次被诸侯投靠。

与此同时，益州集团也觉得刘备背信弃义，大部分人表面上附和，背地里拆台。

这时，诸葛亮给刘备出了个主意：要想稳固益州集团和新归附的诸侯马超，刘备必须抬高自己的爵位。于是，刘备在诸葛亮的鼓动下，自封为汉中王。

这件事彻底吓坏了孙权。在他看来，刘备称王，自己作为讨虏将军，就比刘备矮了一截，那么，与其屈居刘备之下，不如表面上归附汉朝，实则与曹操结盟。于是，他暗自联合了曹操，准备一起夹击关羽。

第三招臭棋，称帝失人心。

关羽死后的一年间，曹操死了，曹丕废汉称帝。在孙权看来，刘备这时候应该为了保护汉献帝而跟曹操死磕，可是在苦苦等了一年之后，他却得到了一个让人大跌眼镜的消息：刘备也称帝了。

在刘备看来，曹氏是权臣和外戚，曹丕篡汉就是王莽第二。刘备作为汉朝宗室，应该学刘秀称帝。但是，刘备和刘秀的情况大不相同：刘秀称帝的时候，汉平帝已经死了，而且刘秀是各地诸侯联合推举的。可是刘备称帝的时候，汉献帝并没有死，只是被曹丕封为了山阳公，而且后来曹丕一直对汉献帝很不错。此外，除了马超算是诸侯，孙权、刘璋都不支持刘备，所以，刘备的这一步棋只能算是自编、自导、自演。

这显然是一步臭棋。此前，支持刘备的士人之所以支持他，是因为他是抗曹盟主，现在汉献帝还活着，他自己称帝了，在本质上他和曹丕没有什么区别。

所以，后来刘备讨伐孙权时，一路上被火烧连营，都是荆州当地的士人干的，他们觉得刘备只是个不可信任的野心家，所以要报复他。而当时只有孙权还没有称帝，他们便把孙权当成了汉朝最后的希望。

这三招臭棋才是刘备失败的根本原因。

只要场面在，人心就还在

我说过，想要实现人生进阶，必须具备资源整合能力。这种能力分为两个层次，一个是场面，一个是局面。可是，《隆中对》的所有细节讲的都是局面，却忽略了场面。

其实，刘备在遇到诸葛亮之前，在场面上做得极其成功。他很善于经营自己的个人品牌，在天下人心目中，刘备作为对抗篡逆之汉朝宗室，扶汉讨贼的形象是不可动摇的。这也是他后来在荆州获得许多士人支持的关键。而且，刘备熟读经典，礼贤下士，一向以仁义为立身之本，他身边的人都对他死心塌地。这就是曹操一直视他为死敌的原因。

前不久我看了一篇文章，名叫《有一样东西，思考时需要警惕它，沟通时需要利用它》。这篇文章提到，在职场中，要想说服别人，有两种办法，一种比较有效，一种比较无效，前者叫"价值观假设"，后者叫"描述性假设"。

举个例子。你是公司的人力总监，老板跟你说："最近有些中层反映，高管们收入太高了，和他们的差距太大，你得安抚一下。"你该怎么安抚呢？

一种方式是：你对中层说，公司里的高管都是优秀人才，如果不给他们开高薪，他们就会离职，给公司带来损失。

这种方式只会引起中层的愤怒，他们会觉得，这是在说他们能力差、不够优秀，所以只能拿低薪。

而另一种方式是：告诉中层，他们其实很优秀，但公司的企业文化认为，效率比公平更重要。

这两种说辞最大的区别就是：前者说的是一个事实，是公司的基本情况，但每个人看到的情况是不同的，每个人都对事实有自己的判断；而后者描述的是一种价值观，这种价值观是不证自明、永远正确的，没有人能够反驳。

同样，起初刘备在团结自己麾下势力的时候，用的就是一种很恰当的价值观：汉贼不两立，王业不偏安。他把自己塑造成正义的化身、道德的楷模，并且确实做到了言行一致。因此，很多人才会团结在他的周围。

当刘备实现了《隆中对》的第一步，在荆州确立了自己的地盘后，他本应继续经营他的场面。这包括两个层次：第一，联合和维护一切抗曹势力，让诸侯团结在他的旗帜之下；第二，维持自己的抗曹形象，保持士人归心。

可是此时，他的策略却变成了"成就霸业，让身边的人过上好日子"。的确，他身边的人都过上好日子了，个个加官晋爵，可是一般的士人却都对他失望了，最后众叛亲离。

在刘备托孤的时候，益州已经烽烟四起，各地叛乱不断。当时的汉嘉太守黄元听说刘备要死，立即起兵造反，益州南部四郡全部叛乱。同时，益州集团中的一些人公然叛变投降魏国，并得到了曹丕的赏识，纷纷升迁。成都内部还流传出一段政治谣言：刘备的两个儿子刘封、刘禅，名字里暗含"封禅称帝"之意；如今刘封因为在关羽大意失荆州时见死不救，被刘备处斩，"封禅"只剩下"禅"了，那么爹叫"备"，儿子叫"禅"，这不就是说"准备好了禅让"吗？刘备的政权肯定无法持久了。甚至还有人发起了和平演变政策，给诸葛亮写信，劝他投降。就连远在东吴的亲哥哥诸葛瑾也劝诸葛亮投降东吴。

刘备推翻刘璋政权后，把刘璋安置在了荆州公安，后来孙权占领荆州后，刘璋就落在了孙权手里。此时，孙权看出来刘备的政治死结，把刘璋的儿子刘阐派到益州边境，给他封了个益州牧，准备让他接管蜀国政权。

就在这危如累卵的时刻，诸葛亮再一次挺身而出。他吸取了经验教训，开始把所有心思都用在撑场面上，最终挽救了蜀国。

这里，我们就要提到《出师表》了。上学时，我们学到这篇课文，老师会说，《出师表》体现了诸葛亮的忠诚，但其实这个说法是错的。实际上，《出师表》是一篇高级软文，它的宣传意义远大于实际意义。

《出师表》的意义就在于打出了"北伐"这个招牌，而不是真的要去北伐。我们从很多历史细节中可以发现，诸葛亮真的想要"兴复汉室，还于旧都"吗？他真的想要带兵攻下长安吗？其实，他根本不是这么想的。

关于北伐，诸葛亮和魏延之间长期存在着一个争论。魏延希望尽快解决问题，他提议从子午谷出奇兵迅速包围长安，因为子午谷离长安近。可是诸葛亮却只敢走大路，缓缓而行出祁山。很多人置疑诸葛亮的方案，觉得祁山不仅离长安远，而且在大路上很容易被曹军阻击。那么，为什么诸葛亮还要坚持他的方案呢？就是因为他清楚北伐不可能成功。当时，蜀国已经偏安在四川一线，主力在几次大战中已经丧失殆尽，北伐只能制造声势，却无力与曹魏决战。所以，出祁山，走大路，可进可退，其实就是给自己留足了退路。后来，诸葛亮之所以六出祁山经常无功而返，不是因为粮草不足，而是因为北伐这件事本身只有政治意义，没有现实意义。

此时的诸葛亮已经意识到了，只要场面在，人心就还在，虽然无法重建帝王大业，但至少能够保全自己的班底。这就是诸葛亮的第二个心法，我们只有从这一点出发，才能理解他后半生所做的事情。

事实证明，诸葛亮的这个心法相当有效。

当时的蜀国分为三股势力——原从系、荆州集团和益州集团。

原从系从刘备被曹操追着打的时候，就一直追随他。他们见诸葛亮再一次扛起除贼扶汉的大旗，便重新团结在诸葛亮周围。

荆州集团是诸葛亮和刘备在荆州建立政权后经营出来的一拨人，后来成为蜀国实际的统治者。《出师表》中说"侍中、侍郎郭攸之、费祎、董允等，此皆良实，志虑忠纯，是以先帝简拔以遗陛下""将军向宠，性行淑均，晓畅军事，试用于昔日，先帝称之曰能，是以众议举宠为督"，诸葛亮提到的这些人，郭攸之、费祎、董允、向宠，全都是荆州子弟。

益州集团就是原本刘璋手下的人，他们虽然被刘备收复，但始终没有完全归顺。

这里要说到一个名叫李严的人，当初刘备指派了两个托孤大臣，一个是诸葛亮，一个是李严。李严有一个双重身份，他原本是荆州人，还做过秭归的县令，后来因为一些特殊原因才投靠了刘璋。所以，他不仅能衷心辅佐诸葛亮，还能安抚住益州集团，这样一来，诸葛亮就可以放心地去北伐。

而此时，打出北伐的旗帜是蜀汉集团能够活下来的唯一的可能。原因有以下几个：

第一，如果蜀汉不打出这个旗帜，蜀国就是一个偏安一隅的小国，时间一长就会被人们遗忘。

第二，如果蜀汉不打出这个旗帜，就无法继续团结原从系，因为原从系基本上都是北方人，他们渴望打回老家去。

第三，蜀汉打出这个旗帜，能够最大限度地团结益州集团，至少他们不会怀念老主子刘璋了。北伐这个政治主张比效忠主子至少能好听得多。

第四，打出这个旗帜的实际效果也很明显。诸葛亮第一次北伐的时候，天水郡等数郡马上归附，可见当时北方确实也欢迎王师。不仅如此，就连孙权也主动前来和好，双方再次结盟。

这才是《出师表》的一个伟大的历史意义，它不仅解决了强敌环伺的问题，而且稳定了整个国家。

可是，很多人会有疑问：如果诸葛亮的"假北伐"那么伟大，那蜀国后来怎么会第一个被灭呢？难道不是因为"假北伐"导致民穷财尽，才使得蜀国最终不堪一击吗？

这个说法对吗？我们不妨借助一个比方来说明这个问题。

在 2007 年前后，诺基亚举步维艰，强敌虎视眈眈，准备收购它。假设你是诺基亚的高管，那么收购对你来说是利还是弊？回顾这段历史，我们会发现，当年诺基亚的高管们，后来都跳槽去了其他公司，诺基亚的倒闭对他们来说并没有什么实际影响。

而蜀国灭亡的时候，出现了与此相同的场景。

公元 234 年，诸葛亮和汉献帝先后去世，光复汉室这个话题就永远被埋没在历史的烟尘中，再也无人提起了。

又过了三十年，魏国将领邓艾偷渡阴平，只带了三万偏师，走了一条崎岖险恶的小路，很快就兵临成都城下。诸葛亮的继承人姜维手里至少有二十万大军。东吴明白唇亡齿寒的道理，没有坐视不管，迅速派出五万大军支援蜀国。然而，刘禅居然没有抵抗，投降了魏国。

在这个过程中，只发生了一场决定性战役，也就是绵竹之战。其实这场战役打得并不惨烈，只不过蜀国这边的将军战死了好几位——关羽之子、糜竺之子、赵云两个儿子、诸葛亮三个儿子、蒋琬之子，这些人大部分都属于原从系。而绝大部分荆州集团和益州集团的人，根本没有参与战斗，直接就投降了。

陈寅恪写过一篇《述东晋王导之功业》，他就说晋国的历代君主非常喜欢蜀国人，不喜欢吴国人。因为吴国人投降了之后内心不服，可是蜀国人投降了之后都心服口服——不只是刘禅乐不思蜀，蜀国人全都乐不思蜀。其中有两个代表人物，一个叫谯周，一个叫郤正，他们力劝刘禅投降。其实，当时蜀国主力还在，姜维还能回救成都，可是益州集团却非要投降。

谯周投降之后受封阳城亭侯，迁骑都尉，散骑常侍。他有个小徒弟叫罗宪，后来在晋朝做到了冠军将军。他还有另一个不错的小徒弟，就是《三国志》的作者陈寿，后来也在晋朝当官。

郤正则随刘禅前往洛阳，受封关内侯，又得到晋武帝司马炎赏识，任巴西郡太守。

有一次，罗宪和司马炎一起喝酒。司马炎让罗宪推荐一些人才，罗宪就给他推荐了诸葛京。诸葛京是诸葛亮的孙子，后来为晋朝立下了汗马功劳，还做到了江州刺史。

所以，虽然蜀国"倒闭"了，但这些蜀国人都找到了新的工作。这是因为大家一直团结在诸葛亮周围，没发生过激烈的内斗，所以后来才会完整地被接管到了晋朝，并且个个加官晋爵，这就相当于一家公司被另一家公司收购了。

而魏国和吴国后来的命运就比较悲惨了。

曹操父子可以说是强人，靠武力收复天下，本来就对士大夫不平不忿，得罪了很多士人，最著名的事件就是杀了孔融。

汉朝的士人并不是一群小知识分子，而是世家大族，都是当大官的人。可是曹操并不把他们放在眼里，他信奉军事的力量，动不动就用武力打压他们。

可是，武力上台也有缺陷，一旦有一天武力衰退了，就会遭到根深叶茂的士人的反击。

其实，赤壁之战后，曹操的主力已经基本消耗殆尽了，只能控制北方。当时曹操想到的办法就是养民、屯垦、休战，然后等待时机慢慢吞并小的地方。后来，曹操去世，曹丕根本没有能力统一全国，所以他不得不勾结华歆、钟繇、王朗和司马懿，在一群世家大族的推举下，逼着汉献帝禅让，当上了皇帝。曹丕一上台，就施行了九品中正制。在今天看来，九品中正制是个特别反动的政策，它规定了一个阶级的人必须永久地属于这个阶级。这就意味着，寒门的人不管怎么努力都是寒门，贵族无论怎么堕落都是贵族。曹丕之所以出台这个政策，就是为了拉拢、讨好世家大族，为曹氏家族谋得安全感。可是，这种安全感太虚幻了，当他们的武力值下降到一定程度，必然会遭到世家大族的抛弃。

曹魏一系传了五代，曹丕、曹叡、曹芳、曹髦、曹奂，前两位英年早逝，还算是明君，其他三位，除了曹奂禅让了帝位得以安享晚年，剩下的两位甚至都没有善终，被司马家族除掉了。

孙权清楚曹魏的缺陷，而自己帐下也是一群士大夫集团，早晚会给自己造成威胁，不如先下手为强。孙权的策略就是重用所有孙氏家族的人，哪怕是远支，只要姓孙，就一律重用。所以，孙权去世后，吴国就出现了与魏国完全相反的局面，所有孙氏贵族联合起来一起除掉其他大臣。

比如，诸葛瑾去世后，他的儿子诸葛恪原本是孙权的托孤重臣，可是孙权的儿子孙亮不仅自己无能，他的兄弟、子孙全都无能，孙氏大权落在了他们的一个远亲孙峻手里。孙峻上台后，第一件事就是联合孙亮设计杀害了诸葛恪，并把诸葛家族连根拔起。

孙峻死后，他的儿子孙綝掌握大权。孙綝专政嗜杀，使朝野都对其不满。与吴帝孙亮矛盾激化后，孙綝废孙亮而立孙休为帝，后来，孙休为了巩固自己的地位，设计杀死了孙綝。但此时，吴国的精兵强将已经被孙綝杀得差不多了，没有人能保卫吴国。结果，没过几年，吴国就灭亡了。

而蜀国从来没有出现过魏国和吴国的这些问题。虽然荆州集团和益州集团中也有很多世家大族，甚至诸葛亮还曾经"挥泪斩马谡"，杀了马氏家族的人，但大家都团结在北伐的旗帜下，并无异心。而且，蜀国也从来没有过哪个姓刘的大臣试图杀害其他大臣。这就是诸葛亮提出北伐的重大意义——促成蜀国内部团结。

最终，魏蜀吴三个国家都灭亡了，但下场最好的就是原来蜀国的这些人，这都是诸葛亮的功劳。

最后，我们来总结一下诸葛亮的心法。

想要实现人生进阶，摆脱中等收入陷阱，我们需要具备资源整合的能力，换句话说，就是制造场面和局面的能力。

场面就是：谁是我的朋友，谁是我的敌人，谁在支持我，谁能成为我事业上的助力。

局面就是：我在我现有的行业里面排第几，我在做的这份事业到底有多大的潜力。

诸葛亮的《隆中对》在制造局面上创造了奇迹，诸葛家族本身就是一个人际关系的结构洞。因此，诸葛亮有能力制造出一种局面，让刘备成了曹操与孙权最终较量中间的一枚棋子，后来还实现了跨有荆、益州的场面建设。

但是《隆中对》有个天然的缺陷，就是他缺少制造场面的能力，盲目扩张引起了盟友的反对。

于是，诸葛亮在刘备死后重整旗鼓，提出了"北伐"的概念，兴复汉室还于旧都，团结了他能团结的所有力量，还让孙权这个曾经背叛的盟友重新回到了他的怀抱。

所以，如果大家想要持续地精进自己，不管是在职场，还是做一份属于自己的事业，都要注意培养自己的资源整合能力，既要懂得制造场面，也要懂得制造局面。如此，才能突破瓶颈，不断实现人生的跨越。

第二章
J.K. 罗琳：触底反弹的逆袭标杆

对于很多中国人来说，J.K. 罗琳是一个耳熟能详的名字。我们这代人是读着《哈利·波特》，看着同名电影长大的。我非常喜欢罗琳，《哈利·波特》电影我看了几百遍，就连台词都背下来了。我去英国旅游的时候，第一站不是伦敦，而是爱丁堡，在罗琳写出《哈利·波特》的大象咖啡馆里坐了半天。

其实，我这种粉丝还不算是最狂热的。

最著名的是《哈利·波特与凤凰社》出版时的一系列事件。新书书稿编辑完了之后，出版商担心文稿泄露给盗版商，于是采用了跟英国皇室出行一样严密的安保措施来护送书稿前往印厂。

事实证明，这种担忧是多余的。哈利·波特迷称得上是铁杆粉丝，他们主动帮着罗琳维护书稿。有一天，一个萨福克郡的卡车司机经过野地时，发现了几本破旧且没有封皮的书。读完前几页之后，他猛然发现，这居然是即将出版的《哈利·波特与凤凰社》的内容。这位司机果断停止阅读，也没有传阅这本书，而是赶紧给《太阳报》报社打电话告知情况，并主动把书上交给了报社。

更神奇的是，这个总发表八卦和耸人听闻的消息的报社竟然也没有在报纸上爆料这件事。他们把书锁在保险箱里，不允许任何人阅读，并在第一时间给罗琳的出版商打电话，让他们把书取走。甚至有人愿意花高价买新书前三个章节的内容，报社都没有卖。

《哈利·波特与凤凰社》新书上市那天，零点钟声刚响起来，数百万的读者就涌进各自城市所在的书店，迫不及待地翻开新书，集体开始阅读。然后，读者开始了阅读比赛，看谁能最快读完新书。最后，一位年轻的大学生以 104 分钟的成绩获胜。

看看吧，这就是哈利·波特迷的素质。

后来，罗琳的故事被拍成了纪录片《罗琳：生命中的一年》。就在那一年里，罗琳的生活充满了各种失意和不顺，就连维持生存都成了问题。当时的她想："我的生活已经如此糟糕，还能再坏成什么样呢？"于是，她横下一条心，义无反顾地投入到了写作中去。从此，她的人生触底反弹，开启了一场标杆式的逆袭。

接下来，我就简单复盘一下罗琳在出版《哈利·波特与魔法石》前后发生的事情。

天然的励志故事

1993 年，罗琳 28 岁。小女儿杰西卡出生之后，她和丈夫的关系降到了冰点。后来，两个人迅速离婚。住在爱丁堡的妹妹戴安妮邀请她回去生活，伤心欲绝的罗琳就离开了葡萄牙，回到了爱丁堡。

回到英国的时候，她拥有的只有《哈利·波特与魔法石》的前三章和襁褓中的女儿。

一开始，罗琳想尽快写完《哈利·波特与魔法石》，但是她发现，要做到这一点，难于上青天。

很多人认为，罗琳的成功要归功于英国的福利制度，其实持有这种看法的人明显不了解英国的历史。

1993 年，撒切尔夫人刚下台，执政的依然是保守党。当时的首相是约翰·梅杰。虽然首相换了，但保守党的政策依然不变：不劳动者不得食。

所以，当时英国的大环境对于单亲妈妈来说是非常严苛冷酷的。幸好当时有个好心人借给了罗琳一笔钱，让她勉强有了一个遮风挡雨的地方。但是，她住的破旧公寓根本不适合写作，而且几个月大的女儿一直哭闹，她根本没有精力继续写作。在生存的压力之下，罗琳差一点儿就放弃了写作哈利·波特。幸亏在一个雨后的下午，她一时兴起给妹妹戴安妮讲述了自己正在写的魔法故事。妹妹非常惊喜，迫不及待地想看完全部的故事。这才让罗琳有了点信心，觉得自己应该坚持把书写完。

一开始，罗琳准备找一份工作，然后一边工作一边写作，但是如果她去上班，不但没有人照顾女儿，还不能领救济金了，这笔钱虽然比上班少很多——大概每个星期 100 美元出头，但是至少不会饿死，而且还有时间写作。

最后，经过再三考虑，罗琳决定先不去上班了，在家专心写作。

这段时间正是罗琳的人生低谷。救济金能够支付房租，但是剩下的钱只能够勉强维持生存。罗琳为了让孩子吃好，自己经常在喂完孩子之后饿着肚子睡觉。当时，人们写作都是用打字机或者电脑，但是罗琳买不起，她只能自己上街去收集废纸，到处找铅笔头，然后在废纸上写作。

罗琳住的公寓不但破旧，而且没有暖气，冬天格外阴冷。有时候实在是太冷了，罗琳就推着婴儿车在城里一圈圈地转悠，直到把孩子哄睡着，然后她就去当地的咖啡馆点上一杯浓缩咖啡，趁女儿睡着的时候，抓紧写上几个小时。罗琳喜欢坐在靠窗的位置，一只手推着婴儿车，另一只手不停地写。这个咖啡馆就是如今鼎鼎大名的大象咖啡馆。

《哈利·波特与魔法石》就是在这样的环境之下写出来的。

罗琳坚持写完这本书的时候，穷得连复印书稿的钱都没有了，只能在旧货摊上淘了一台便宜的二手打字机，自己打印书稿。当时，罗琳耍了小聪明。儿童读物的字数一般在4万字左右，而《哈利·波特与魔法石》有9万字，这对于孩子来说篇幅太长了。罗琳便用单倍行距打印，这样看起来显得字数少一些。罗琳把书稿寄给了12家出版社，但都被拒绝了。

对出版一无所知的她，干脆去图书馆翻阅《作家和艺术家年鉴》，准备从中物色一个出版代理来代理自己的作品。在众多的名字中，因为喜欢"利特"(Little)这个充满童趣又可爱的姓，她将前三章的稿子寄给了代理人克里斯托弗·利特(Christopher Little)。

很快，利特先生回复了，内容很简单："谢谢你，我们想看到手稿其余的部分，并保证绝不会泄露。"在漆黑冰冷的小屋里，罗琳在餐桌前手舞足蹈，足足把这封信读了七八遍。

后来，利特看完了全部书稿后，给罗琳回信说："谢谢您，我们将很高兴独家代理您的手稿。我把这份信读了8遍，这是我这辈子收到的最好的稿件。"就这样，利特成了罗琳的出版代理人。他用了一年的时间，终于找到了一家出版社愿意出版罗琳的书。后来，出版商觉得罗琳的女性身份会影响图书销售，建议她用一个中性化的笔名。毕竟，喜欢看魔幻小说的大多是男孩子，他们更愿意看男作家的书。罗琳听取了建议，给自己取了J.K.罗琳这个笔名。

1997年6月26日，《哈利·波特与魔法石》正式出版，首印只有500册。

刚出版时，这本书反响平平，但很快就开始爆发了。短短几个月的时间里，《哈利·波特与魔法石》的销量超过了15万册。

第二年，《哈利·波特与魔法石》销量已经突破50万册，创下英国童书出版的记录。

接下来，哈利·波特七部曲相继出版，销量屡创新高，创造了出版界的奇迹。

2005年7月，《哈利·波特与混血王子》首印1080万册在一天内就全部卖光，平均12秒卖出一本书，创造了吉尼斯世界纪录。

2007年7月，《哈利·波特与死亡圣器》上市后，1100万册首印图书几天就卖完了，很多人甚至把7月称为"哈利·波特月"。

从1997年到2017年，《哈利·波特》系列已经被翻译成73种语言，全球销量超过了5亿册。在这7部小说的基础上，诞生了8部系列电影和1部衍生电影，全球票房超过80亿美元，是全世界票房最高的系列电影。

随着作品的成功，罗琳也实现了个人的逆袭。

2000年5月，罗琳被授予大英帝国荣誉勋章。

2004年，罗琳登上《福布斯》富人排行榜，身家达到10亿美元。

2006年，天文学家以罗琳的名字命名了一颗小行星。

2017年12月12日，J.K.罗琳被英国王室授予"荣誉勋爵"。

一个单亲妈妈带着女儿，靠领政府救济金生活，在人生最艰难的时期，她抱着试试看的态度出版了处女作，可是谁都没想到，这本书居然创造了一连串吉尼斯纪录。后来，罗琳在采访里坦诚："从来没想到过《哈利·波特》能如此成功，除非我疯了。"

罗琳的故事，是一个天然的励志故事。她仅仅用了一两年时间，就实现了人生的触底反弹。这样的故事如果是虚构的，拍成电影都没人相信，然而它确实在现实世界里发生了。如此神奇，不服不行。

跨界创新，引发黑天鹅事件

那么，罗琳为什么能够实现人生的逆转？因为太传奇，所以要分析罗琳的逆袭逻辑并不容易。

一般来说，作家成名有两个途径。

鲁迅、李白、苏东坡，他们少年爆得大名，是因为他们有文人圈子，大家都在一个共同体里面，有人帮着传播和推荐，一来二去就引爆了。

但是有一些现代作家没有圈子，比如东野圭吾和陀思妥耶夫斯基，他们之所以成名，靠的是一个台球术语，叫"大力出奇迹"：用力击球，反正桌上那么多球，总会有一个进袋的。套用到写作上就是：拼命写作，以量取胜，总会有一本成功的。

但是罗琳没有圈子，她只是一名孤苦伶仃的单亲母亲；她也无法靠量取胜，《哈利·波特与魔法石》是她的第一部作品。所以，这种说法解释不了罗琳成功的原因。

也许，只有一种解释能说得通：罗琳的逆袭是一个超级黑天鹅事件。

所谓黑天鹅事件，指的是那种不可预测、没有规律、一出现就是毁灭级的现象，比如恐怖袭击、股灾等。

《哈利·波特》的畅销属于正面的黑天鹅事件。很多人包括罗琳自己都不愿意承认，《哈利·波特》畅销是因为运气。然而，事实的确如此。

不信的话，我们可以大胆假设，小心求证。后来，罗琳用了一个男性的笔名罗伯特·加尔布雷思，写了一本推理小说，书名叫《布谷鸟的呼唤》。出版 3 个月之后，只卖了 1500 册。罗琳不信邪，用这个名字又出了一本书，叫《罪恶生涯》。但是还没来得及检验，有一个知情的律师把内情告诉了妻子的闺蜜，这个秘密泄露了。结果，这两本书迅速登上了亚马逊畅销榜。

这件事说明了两点：第一，《哈利·波特》能如此畅销，真的是不可预测的。第二，我们无须去神话一个单亲妈妈的励志故事，更不要梦想像罗琳一样一夜成名。因为黑天鹅事件是不可预测、无法解释的，纯粹是一个意外，没有办法归因。

若要理解罗琳和《哈利·波特》的神迹，得回到黑天鹅事件的本质。

《黑天鹅》的作者塔勒布对黑天鹅的归纳，有一点我觉得很有意思："答案就在黑天鹅的定义本身——既然黑天鹅总是出现在意想不到的地方，所以要避免负面黑天鹅出现，就别去那些容易出现意外的地方。"用巴菲特的话来说就是，别人贪婪我恐惧。大家趋之若鹜、容易出现系统风险的事情，尽量不要参与。比如深夜打黑车，这样的事情不要去做，也不要抱有侥幸心理。

反过来思考，若要获得正面黑天鹅，就应该多出现在本来不该你出现的地方，多做一些出人意料的事情。暴露的机会越多，出现正面黑天鹅的概率就会增加。这种做法，塔勒布称之为"随机漫步"。随机漫步，是为了增加曝光在正面黑天鹅事件下的概率。

举例说明。什么叫幽默？作家简·奥斯汀给过一个定义：把两个没有关系的东西拼在一起，就叫幽默。话出现在不该这么说的地方，就容易产生幽默。这也是很多段子手的重要理论思想。

同理可得，什么叫才华？把一些不相关的东西串在一起，就叫才华。飞流直下三千尺，疑是银河落九天。明明是描述瀑布，李白却联想到了银河与九天。这就叫才华。

如今都在讲创新，其实最常见的一种创新就是跨界创新。

郭德纲以相声为基础，将京剧、评书、地方小曲等融入其中，很快就脱颖而出了。

微信是从 QQ 衍生出来的，有了语音功能之后，放在手机平台上，就成了一种全新的通信工具。

支付宝原本是个支付工具，但是开发出余额宝之后，就打通了金融领域。

相对于中国移动和银行，微信和支付宝就是个黑天鹅事件，原来移动觉得竞争对手是联通和电信，谁也没想到，被微信给打劫了。

在数学界有一个费马大定理，一个代数问题困扰了众多数学家上百年，许多大神级的数学家也无法解开。然而，这个问题最后被英国解析几何学家怀尔斯解开了。相对于几百年没解开的费马大定理，怀尔斯就是个"黑天鹅"。

这就是黑天鹅事件的特点：出现在了本来不该出现的地方。我们再反观《哈利·波特》的成功，我觉得回归黑天鹅的本质去理解《哈利·波特》和罗琳，反倒可以找到答案。

当魔法照进现实

有人认为，《哈利·波特》里的魔法世界，其实是现实世界的延伸。因为现实世界不尽如人意的地方太多，所以很多人渴望逃离现实，进入一个神奇的魔幻世界。

然而，东西放错了，才会出现奇迹。《哈利·波特》最大的魅力在于：魔法闯进了现实世界，而不是逃离现实世界。

《哈利·波特》不是一部逃离现实的小说。这种描述魔幻世界的文学叫魔幻文学，和《绿野仙踪》《魔戒》《纳尼亚传奇》属于一个谱系下的。就拿很多人知道的《魔戒》来说，里面的故事和现实没有多少联系，霍比特人的世界也无法和现实世界一一对应。因为那是作者托尔金创造出来的世界，跟现实相差甚远。

然而，《哈利·波特》可以和现实世界产生联系。

《哈利·波特》里有一个完整的世界：学校、法律、竞技比赛、委员会、历史、百科全书、媒体……现实世界里有的，魔法世界里也都有。你不仔细看的话，这就是一个现实世界。霍格沃茨魔法学校的四个学院格兰芬多、赫奇帕奇、拉文克劳、斯莱特林，就是源自英国寄宿学校的分院制度。校园霸凌、血统论、体罚，《哈利·波特》里也都有。

就连《哈利·波特》里的头发都是有说法的。赫敏的头发，黄褐色；哈利·波特的头发，黑色；罗恩一家，红色；卢娜和马尔福家族的头发，白色。

英国是一个层累结构，原住民是红头发的凯尔特人，后来黑头发的罗马人征服了他们，再后来白色头发的盎格鲁·撒克逊人又征服了罗马人。

所以，罗恩象征着凯尔特人，被统治者。哈利·波特象征着罗马人，古典贵族；卢娜和马尔福象征着盎格鲁·撒克逊人，征服者。而赫敏，象征着红发和黑发的混血。而在魔法世界，麻瓜指的就是混血人。

哈利·波特和伏地魔之间的斗争，也是基于英国人的集体记忆。不少英国人能看出来，说的就是两次世界大战，而伏地魔就是德国。

这就像金庸写的《射雕英雄传》，主要依托于抗金、抗元的历史背景，很容易就能激发每个人的底层记忆，读者一看就懂，基本不用解释。

《哈利·波特》之所以受欢迎，不在于罗琳创造了一个神奇的魔法世界。《魔戒》《绿野仙踪》《冰与火之歌》，也描述了一个纯粹、神奇的魔法世界，却很难引起我们的共鸣，全情投入其中。是罗琳在现实世界里加入了魔法，才让霍格沃兹的故事变得那么神奇。

《哈利·波特》的魅力之一，是罗琳把魔法拉进了自己的世界。

罗琳写作《哈利·波特》的灵感来源于1989年的一次旅行。当时，刚大学毕业的罗琳坐在曼彻斯特开往伦敦的火车上，她看着窗外出了神，眼前忽然出现了一个小巫师。小巫师一头黑发，灿烂地笑着向她招手。这个画面一闪而过，但那个灿烂的笑容却永远定格在了她的脑海中。

后来，罗琳为脑海里的小巫师取了一个名字，叫哈利·波特。波特是罗琳的邻居的姓。小时候，罗琳经常跟邻居家的小朋友玩装扮游戏。

另外，哈利·波特的生日和罗琳是同一天，7月31日。

后来的7年时间里，罗琳断断续续地写，每次现实遇到困境了，她就往魔幻世界去投射。

罗琳带着女儿回到爱丁堡后，被诊断患上了抑郁症。《哈利·波特》中摄魂怪的设定，就来源于罗琳身患抑郁症的经历。她形容那时候的自己是"一个麻木的冷漠的生物，不相信自己还能感到幸福和愉快"。

1998年，罗琳正在创作《哈利·波特与火焰杯》。一个超级粉丝娜塔莉得了重病，不久于人世了，粉丝的一个朋友给罗琳写信，希望她能为娜塔莉做些特别的事情，好让她人生最后的日子里开心一点。罗琳不但回了一封长信，还将小说中的一位女生命名为娜塔莉·麦克唐纳，并被分到了哈利所在的格兰芬多学院。后来，她还和小女孩的父母成为了好友。

要了解《哈利·波特》和罗琳，赫敏是一个很好的切入点，因为在赫敏身上有很多罗琳的影子。

从小时候开始，罗琳的性格就有一种张力：因为自卑，所以需要用文字证明自己，但越是证明自己，她就越自卑。而且，这种张力后来又被环境反复强化，最终造就了《哈利·波特》。

青春期的时候，罗琳的成长环境不太好。她初中上学比较早，比同学的年龄都小。那段时间，她的脸上还有雀斑，而且近视，体育成绩也很差。这些因素都让罗琳特别自卑，总想证明自己。她唯一能证明自己的一张牌，就是学习成绩。

这个办法在小学的时候管用。有一段时间，罗琳的班级是按照成绩来安排座次的，成绩好的坐左边，成绩差的坐右边。有一次，罗琳算术得了0分，便被安排到最右边的位置。后来，她发愤图强，在学期结束的时候，终于坐到了左数第二排。

然而，上中学后这个方法就不管用了。因为学习好、长得不好看，她经常被霸道的女生欺负。

罗琳出身于英国中产家庭，父亲是机场的经理，母亲是实验室技术人员，都属于白领阶层。罗琳有一个比自己小两岁的妹妹，就是鼓励她写作的戴安妮。罗琳和妹妹的生活很幸福，从小便和图书相伴。罗琳后来回忆说，她最美好的童年记忆就是父亲坐着给她读《柳林风声》。一切美好得像个梦一样。

但是到了青春期的时候，这个梦就碎了。罗琳变成了一个想用才华证明自己，但是又害怕外界打压的人，所以就干脆畏缩不前，不敢表现自己，不敢追求自己想要的东西。

她一生都是如此，很多事情能体现出来。

其实，罗琳从小就有文学天分。她的第一本书是 6 岁时写给妹妹的，是一个得了麻疹的兔子和朋友们的童话故事。她的文章和报告也得到了老师的喜爱，但她就是不敢把自己私下里写出来的小说拿出来给人看。

后来，罗琳工作了，也不敢去挑战特别有压力的工作，只愿意找一些文秘类的事务性工作。毕业后的 6 年内，她换了很多份工作，主要都是文秘，工作简单枯燥，薪水微薄。

然而，罗琳始终没有放弃写作。一有时间，她就会把故事点子、人物关系之类的记在本子上。

但是，她从来没有把自己写的故事给别人看。每次她写完一些东西，先自己读一遍，觉得不满意就丢弃，觉得满意就装进档案夹和箱子。最终，她写的故事装满了箱子和档案夹，却不敢投稿或者出版，因为她害怕听到别人批判她作品的声音。

这样的性格，自然也映射到了爱情里。

罗琳在艾克赛特大学学习的时候，主修的是法语和古典文学。罗琳恋爱了，但是她没有自信，慢慢和男朋友疏远了，加上毕业之后工作不太顺利，就和第一任不了了之。

后来，她辗转了几年，在葡萄牙波尔图找了一份英语老师的工作。

在那里，她认识了当地电视台的记者，两人一见倾心，几个月之后就闪婚了。结婚前两年，两人的小日子还是很幸福的，书稿的进展也比较顺利。后来，丈夫不但吸毒，还经常对她家暴。

最终，女儿的出生也依然无法挽回婚姻。离婚后，罗琳带着女儿杰西卡回到了英国爱丁堡。这才有了《哈利·波特》的诞生。

罗琳自卑的性格，一直都没有完全改过来，导致她喜欢逃避和闪躲。即使她成名之后，也是如此。离婚后领救济金的那段时间给她留下了巨大的心理阴影，她觉得那是一生的耻辱。后来，她积极从事慈善事业，担任过英国单亲家长委员会代言人，还建立了哈利·波特基金会。从某种程度上来说，这也是为了弥补内心的阴影。

了解了罗琳早年间的故事，相信很多人能够看出来，赫敏的原型就是罗琳自己。赫敏是个学霸，但是总被马尔福这些坏孩子欺负。而且，赫敏的体育成绩也不好。

这都是罗琳的故事，也投射在了赫敏的故事上。正因为如此，后来罗琳在选择电影编剧的时候，都要先问问对方最喜欢的人物是谁。如果说是赫敏，她就放心了；如果不是，马上换人。

正是因为罗琳这样的性格，才有了《哈利·波特》的魔力。

《哈利·波特》这本书如此吸引人，关键就在于《哈利·波特与魔法石》的前三章。罗琳花了七年时间，只酝酿了前三章的内容，可见她的心血和功力。那些曾经有过童年阴影的人看到哈利被姨夫欺负，那些上学被霸凌过的人看到赫敏被马尔福嘲笑，那些渴望亲情的人看到哈利站在厄里斯魔镜面前看见自己的父母，都会为之动容。这种感情特别真挚细腻，这都不是我们在架空世界里看得到的，这就是现实世界。

《哈利·波特》最难得的地方，是故事中的人物会随着现实世界一起成长。罗琳写到《哈利·波特》第四部的时候，开始有了恋爱的元素，《哈利·波特》第六部，甚至整本书都在写青春期的事情。

不得不说，这正是罗琳的厉害之处。其实，整个《哈利·波特》的故事就是一个现实世界的学校故事，只不过因为有了魔法的外衣，故事就变得完全不一样了。

出现在不该出现的地方，才会有奇迹

东西出现在不该出现的地方，才容易产生奇迹。魔法出现在了不该出现的地方，现实世界里，才显得那么有魔性。

其实，魔法、巫师、巫术在西方历史中的含义并不正面。欧洲历史上曾经发动过持续几个世纪的猎巫运动，其实是打着抓捕巫师的旗号迫害女性。这从侧面上也反映出，巫师并不是一个好传统，至少是一种让人避之唯恐不及的传统。

但是在罗琳笔下，这个传统竟然摇身一变，打造了一个全新的神奇世界。这本身也是一个容易出现奇迹的地方。这比凭空创造一个新传统——像托尔金和乔治·马丁那样凭空创造一个新世界，要更容易被人接受。

罗琳笔下的魔法世界，有一个亮点，那就是自成系统的咒语。

如果你看过英文版的《哈利·波特》，你就能从内文中的咒语里看出里面的学问。

罗琳大学学的是法语和古典文学，所以她的拉丁文水平自然不低。

罗琳的专业，体现在了霍格沃兹的魔法世界里。《哈利·波特》中的咒语都是用拉丁语说的。很多国外的孩子就是因为这些咒语，爱上了古典文学，读了很多拉丁文著作。

就算我们忽略这些咒语，单就罗琳的文笔来说，《哈利·波特》也是学英语的绝佳范本。

我准备托福和 GRE（美国研究生入学考试）考试的时候，背单词背到要吐了，就开始疯狂地看《哈利·波特》电影，记里面的台词。有人做过统计，《哈利·波特》的电影里涵盖了 90% 的托福词汇和 70% 左右的 GRE 词汇。

除了单词量，哈利·波特的句型和句法也十分典雅。想学英语的同学可以自己对照电影，尤其推荐《哈利·波特与凤凰社》和《哈利·波特与阿兹卡班的囚徒》，重点听邓布利多教授和斯内普教授说的话。

可以说，罗琳把自己的专业放进一个普通小说里面去了。

清朝外交家曾纪泽当年是背了一本基督教赞美诗学的英语，所以说话特别奇怪。如今，很多人学英语都是通过背《哈利·波特》。我就见过不少这样的人。比如《J.K. 罗琳传》的翻译符瑞祯，她小学一年级的时候随着家人移民澳大利亚，为了融入当地的生活，她就背诵《哈利·波特》英文原版书，还同步听斯蒂芬·弗莱的英式口音的朗读版，看《哈利·波特》系列电影。经过一段时间的学习，她能够大段地背诵原文中的经典段落。等她上中学的时候，说着一口流利纯正的英式英语，连入学考试的老师都以为她是从英国转学过来的。

所以，当罗琳把古典文学放进一本通俗小说里的时候，奇迹又发生了，《哈利·波特》掀起了全球学英语的狂热。

把悲剧故事装进喜剧外壳里

这一点涉及一些文学创作的专业知识。

《哈利·波特》按照故事情节来看，属于通俗小说。而写作通俗小说，和商业电影一样，都是有套路的。比如，金庸的武侠小说、好莱坞的超级英雄电影、迪士尼和皮克斯的动画片的故事情节，就是经典的套路。

这些常见的套路有几个特点：

第一，必定是以弱胜强的故事。

第二，故事在发展到四分之三的地方，主人公往往会陷入低谷，然后触底反弹，最终战胜了自己、困难或者反派。在这个过程中，主人公的性格发生了巨大转变，比之前更强大、更深刻。用专业用语来说，就是人物弧光。

第三，故事发展到黄金分割点的时候，要把次要矛盾全部清零，正面人物之间原来的冲突和矛盾得到了解决，他们团结一心，去解决主要矛盾。

如果你善于观察，类似的套路特点还有很多，大家可以自己慢慢体会。无论是知名影视节目《情深深雨蒙蒙》《复仇者联盟》《疯狂动物城》《寻梦环游记》，还是经典名著《傲慢与偏见》《理智与情感》《鲁滨逊漂流记》《威尼斯商人》，都是这些套路。

《哈利·波特》系列七本小说，无论是合在一起，还是单独拆开来看，都符合前面几个特点。

罗琳从小就熟读 C.S. 刘易斯的《纳尼亚传奇》——C.S. 刘易斯和《魔戒》的作者托尔金是好友，两个人互相切磋了一辈子。对于他们的套路，罗琳非常熟悉，她的书里就有很多托尔金的影子。西方的魔幻小说除了前面说的经典套路之外，还有一些基本的道具：龙和魔法，主人公一般是孩子。这些特点，《哈利·波特》也全部符合。

所以有人说，罗琳是故意把《哈利·波特》写得特别像电影，所以她的小说很容易改编成电影。《哈利·波特》1997 年出版，2000 年就正式拍摄电影了。乔治·马丁的《冰与火之歌》，用的是视点人物写作手法，所以很难改编成影视。《冰与火之歌》1996 年出版，但是直到 2011 年才以电视剧的形式正式播出，比罗琳晚了 11 年。

罗琳是个跨界高手，她怎么能满足于《哈利·波特》只是一本通俗小说呢？

2000 年初，著名编剧斯蒂芬·科洛弗接受了《哈利·波特与魔法石》的电影改编工作。科洛弗在《读者文摘》的采访中表示："从第一页开始，罗琳就俘获了我，书里有敏感和黑暗，她之所以这么受欢迎，其中一个原因就是任何地方都没有迎合或是迁就读者。"

这话里面其实就揭示了罗琳成功的又一个秘密：她把一些不该出现在通俗小说里面的东西融进去了。

人们一般都认为，悲剧比喜剧深刻。悲剧可以有上千种写法，但是喜剧的写法寥寥无几。即使是莎士比亚，也只能认命。这个套路人类磨炼了几千年，早就定型了。

罗琳最厉害的地方，是把悲剧手法给写进了喜剧里面去。

我们再回顾一下哈利·波特的整个故事线，你会发现这是一个无比悲怆的故事，而且越到后面越明显：哈利来到霍格沃兹之后，发现自己的父母早就被伏地魔害死了。等他去寻找伏地魔的时候，发现了小天狼星，终于找到了家人。但是小天狼星并没有得救，反而成了整个故事里面被命运无情嘲弄的那个人。等到哈利终于收获了友谊的时候，小天狼星却被害死了。等哈利想去报仇的时候，邓布利多教授死了。哈利和小伙伴们最后孤军奋战，终于打败了伏地魔。

这里面一点都没有层层打怪的故事线，看着倒像是哈利·波特的战友和保护伞一个接着一个离开，最后只能和罗恩、赫敏孤军奋战到底。

　　这其实是个经典的悲剧写法，只有《红楼梦》和《水浒传》才这么写。

　　罗琳的过人之处远不止于此。她最精妙的是草蛇灰线，伏延千里的写作手法。在她的笔下，故事线早就埋好了，伏笔相当多。比如，珍妮和哈利是《哈利·波特》第六部才在一起的，中间都没怎么出现过。珍妮在《哈利·波特》第二部出现的时候，很多人都以为珍妮只是哈利英雄救美的道具。但是在第二部马尔福挤对哈利的时候，珍妮站出来怒目而视，马尔福嘲笑哈利："哈利，你给自己找了个女朋友。"这就是一个伏笔。

　　在《哈利·波特》第一部里也有类似的细节。罗恩对赫敏说："你这样的谁能喜欢呀？"结果，后来两个人真在一起了。

　　如果大家看过小说的话，在很早的时候，韦斯莱夫人在清扫小天狼星的住宅时，遇见了一只魔法界的神奇生物博格特——它会看透你的内心，变成你最害怕的东西。它一直在变成各种她的家人死去的模样，其中就包括去世的双胞胎。这一幕如果不注意就很容易被忽略。直到《哈利·波特》第七部，这个梗才被打开。

　　这就是经典的《红楼梦》笔法，草蛇灰线，伏延千里，前面有伏笔，后面有暗示。

　　后来，有人在罗琳的办公桌上发现她常年会贴着一张密密麻麻各种故事线的图纸，这张图纸上包含了诸多信息，包括哪些人物在什么时间发生了哪些事情，以及在那些貌似无关紧要的情节中可以插入的重要线索。所以，我们在多年之后再倒回去看整个《哈利·波特》，你会发现一点都没有违和的地方，那些故事早都埋藏好了。

　　所以，《哈利·波特》是经得住时间考验的，甚至可以被当作严肃文学来对待。但是这样一本书，偏偏被界定为童书。我查了一下，罗琳是和出版代理人利特一起商量过的，也是同意的。把一本用力这么猛的书扔进了童书那个小类目里面，这本身也是个成为黑天鹅最重要的原因：出现在了不该出现的地方。结果，这本书马上就火遍了全球。

二　逆袭的逻辑

第三章

英格瓦·坎普拉德：宜家的伟大，源于升维思考

2018年1月28日，著名的家居品牌宜家创始人英格瓦·坎普拉德去世了。一时间，朋友圈里有很多人都在转发关于他的纪念文章。作为一家家具公司，宜家受到了全世界的尊重。在某些方面，它简直和苹果公司一样酷。它的理念特别简单：让每一个人都能用上有设计感的家具。说老实话，这样的广告语简直太普通了，很多牙膏和洗面奶的宣传口号听起来都更有号召力，但是为什么宜家能够取得这样的成功？这就需要我们了解一下英格瓦·坎普拉德的故事，从他的人生轨迹中寻找答案。

宜家是一家瑞典公司。作为北欧国家，瑞典的主要特点就是高税收、高福利。一般来说，这种国家不太适合发展实体经济，因为税收太重了。虽然老百姓安居乐业，但是实体企业不太好经营，只适合发展高科技公司，因为利润比较高，能够消化高税收带来的不利影响。我们熟知的爱立信和伊莱克斯，都是瑞典企业。

所以，宜家在瑞典其实是一个特别的存在。因为它没有很高的技术含量，只是一家卖家具的公司。它的创始人坎普拉德，也不是一个典型的瑞典人。因为在这种高福利、高税收的国家里，人们的生活十分悠闲，

即便没有工作，也可以通过享受国家的福利生存。因此，这些国家的人性格都很淡定，但是坎普拉德却亢奋得像一个美国人。他做起生意来非常精明，又像中国的第一代企业家。他对自己特别抠门，平时抽的是瑞典最普通的烟，出门带着的是一个绣着南方针织花纹的普通钱包，款式很土气，开的车也是一辆二手的沃尔沃汽车，完全没有富豪的样子。

最奇葩的是，他平时出差的时候，为了省钱，经常跟人合住。有时候房间里只有一张床，两个人挤在一起很尴尬，他就拉着舍友聊天，彻夜长谈。从国家聊到生活，从企业聊到人性，一直聊到凌晨，最后实在困得不行了，两人才倒头便睡。

就因为这样的性格，他平时出差住酒店的花费是正常人的一半，所以能省下很多钱。不光是对自己抠门，他对别人也很抠门。他最擅长的就是讨价还价，特别能压榨供应商，因为这样他就可以赚更多的钱。所以，粗看这个人，很容易觉得他是一个成功的小商贩，甚至就是一个奸商。但是如果仔细分析他的人生经历，就会发现他有独到的思维方式。

做生意也需要天分

坎普拉德出生于 1926 年，处在两次世界大战中间。他母亲的家族很厉害，母亲的兄弟是当地著名的百货商人，外公是当地的五金经销商。所以坎普拉德继承了母亲的基因，喜欢做生意。还不到 5 岁的时候，他竟然就做成了人生第一笔生意。他央求姑妈去附近的批发市场给他弄一批火柴回来，姑妈很好奇，问他要火柴做什么。他说，邻居们需要火柴，所以想向邻居们卖火柴。姑妈问他要多少，他说要 100 盒。之后姑妈发现，这孩子的确不是在做慈善，真的是在做生意。火柴的批发价是 3 欧尔一盒，他卖给邻居的价格是 5 欧尔一盒，他在中间赚了一笔差价。

当然了，这笔生意其实是赔钱的，因为还有邮费。邮费是姑妈出的，如果算上邮费的话，他就赚不到钱了。可是，作为一个5岁的孩子，知道低价买入、高价卖出的道理就很难得了。从此之后，他就迷上了做生意。

坎普拉德卖过圣诞卡片，卖过墙上的贴纸。有时候他去捉鱼，抓上来之后骑着自行车到处去卖。他平时还喜欢到森林里去采橘子，然后求公交车司机帮忙把这些橘子运到另一个地方，再卖给其他人。他在11岁的时候，竟然已经到一家公司做销售了。赚到第一笔销售分成之后，他给妈妈换了一辆自行车，还给自己买了一台打字机。坎普拉德家在郊区有一座农场。他出售东西的对象，基本上是来农场里的人。

农场里的有些房子是出租的，路过的人可以在这里借宿，还有些人要在附近办事，因此会长住一段时间。他就挨家挨户地向这些租客推销商品。租客看他是个孩子，而且卖的东西也很便宜，基本都会照顾生意。

坎普拉德的很多邻居都是农民。这些邻居饲养家畜需要一些东西，他就喜欢蹲在旁边观察。时间长了，他发现奶牛乳头发炎的时候需要抹一种药膏，他就买来一批药膏，然后卖给邻居。后来，他跟邻居们混熟了，就经常帮人买东西。采购物品需要钱，他一般是找姑妈或者父亲垫付，等到回本了之后再还给他们，自己从中赚个差价。

可是过了一段时间，家里觉得他的生意不靠谱，不愿意再借给他钱了。他居然跑到银行去借钱，银行经理被他的真诚打动了，答应借给他500克朗。这笔钱相当于当时的63美元，也就是今天的几万块钱。之后，他居然用这笔钱做成了一笔跨国生意，从巴黎购买了500支钢笔，然后在瑞典把这些钢笔卖掉了，又赚了一笔钱。

正所谓三岁看大、七岁看老，坎普拉德小时候尚且如此，长大之后可想而知。他在学校的时候，在宿舍的床底下放了一个大纸箱子，里边装着手表、钢笔和钱包，都是准备卖给同学的。整个上学期间，他的心思都用在了生意上。这样一来，他的学业就荒废了。毕业之后，家人只好送他去当兵。

军队是讲纪律的地方，按常理来说，他应该没法继续像以前一样经商。但是他设法说服了上校，让他同意自己晚上外出，继续经营他的生意。于是，他就在军营外面租了一间办公室，用来存放货物，还装了一部电话专门接订单，处理各种客服问题。

退役之后，坎普拉德在当地的一个林场找了一份工作，每天的工作比较清闲。但他是个闲不住的人，便重操旧业。从这时候开始，他的业务升级了。他不光是自己倒卖东西，居然还说服了公司的财务经理从他这里采购。一种文件夹进价是 65 欧尔，售价是 90 欧尔。工作期间，他总共卖了上百个文件夹给自己的领导。后来据他自己计算，那段时间里他卖文件夹赚的钱居然比他的工资还要高！

所以，有的时候不得不承认，很多事真的需要靠天分。

绝大多数人，如果不是专业做销售工作的，都不好意思直接卖东西给人家。因为你摆明了是想赚差价，对方心里也知道你要赚差价，那么人家为什么要买你的东西呢？我们普遍认为，这在道德上有点说过不去。这是正常人的心态。然而坎普拉德生来就是做生意的好手，他不但对此丝毫不以为意，并以此为乐。

直到晚年，坎普拉德的记性都特别好。凡是跟他做过生意的人，不管订单大小，哪怕只买过一支钢笔，他都记得住对方的名字。可是对于那些没有生意往来的人，他就记性不好了，经常把人家的名字记错。他简直是为了生意而生。

破局之路

17 岁这年，坎普拉德已经有 12 年的经商经历了。他想开一家公司，正儿八经地做生意。根据当时瑞典的法律规定，17岁尚未成年，未成年人想要注册公司，需要得到监护人的认可，并在当地找一名德高望重的人签字担保。他的监护人就是父母，所以这个问题不大。担保人让他十分发愁，因为他不认识这样的人。后来，他忽然想到，村子里有一位叫作恩斯特先生的人，虽然是一个农民，但是在村里很有威望。坎普拉德就骑了6个小时的自行车，来到村子里，找到了恩斯特先生。他一边装可怜，一边大谈情怀，把老先生感动了，就给他签了字。于是，阿根纳瑞德商贸公司就这样诞生了。

这个名字听起来和宜家一点关系都没有，但是我们可以看一下宜家的原名。宜家是中文的译名，原名是由 IKEA 这四个字母组成的。其实这是四个词的首字母缩写。第一个词是 I，也就是他的名字英格瓦。K 是他的姓，也就是坎普拉德。他出生的农场叫作阿尔姆塔里农场，这是字母 E 的来源。最后这个字母 A，就是刚才提到的阿根纳瑞德商贸公司的首字母。所以，宜家这个品牌的意思是，一个来自于阿尔姆塔里农场，叫英格瓦·坎普拉德的人，开的一家名为阿根纳瑞德的公司。

开这家公司的时候，坎普拉德并没有想太多。他做了不少生意，很多商品他都卖过，也清楚地知道进货的渠道和来源。店里出售的商品有钢笔、圆珠笔、圣诞卡片、钱包、相框、手表，甚至还有尼龙袜。总之，这家公司就像一个杂货铺。但是他已经长大了，不能只和村里的人做生意，一定要走出村子。

他卖钢笔的时候，就跑到了瑞典的南部。他跑遍了当地所有的烟草店，想要让这些烟草店买他的钢笔。他甚至一度跑到了玩具厂，想让所有的玩具厂都买他的钢笔。可是一旦走出家门，所有的商业逻辑都跟之前不一样了。因为原来是卖给自己邻居，大家都是乡亲，看他还是个孩子，买东西就当是帮他一把。所以，他的生意做起来很轻松。

这就和在村里开一个理发店一样。如果村里只有这一家理发店，那么只需要做好两件事。第一，技术过得去，基本的发型都能搞定。第二，能处理好和村民的关系，平时帮人寄存一些东西，或者帮人捎个口信。可是一旦走出原来的圈子，所有的生意逻辑就不一样了。原来的做法很简单，进一批货，再加价卖掉，从中赚取差价。可是一旦参与到大城市里的商业竞争，那就非常残酷了。竞争对手们都有成熟的体系，这时他就没办法了。

　　坎普拉德瞬间就变成了一个低等动物，被那些大城市里的高级动物碾压。他每次要做一笔生意时，都会被人抢走订单。对手的目的就是把他挤出市场，宁可赔本也在所不惜。所以，他从17岁创办公司，直到32岁的时候，公司不但一点起色都没有，而且江河日下。

　　如果坎普拉德一直这样经营下去，后来就没有宜家这家伟大的公司了。他带领公司做了一次重要的转型，正是这次转型，使宜家开始走向辉煌。在这里要提到一个概念，叫作升维思考。升维思考这个词听起来有点抽象，因为它是科幻小说里的概念。自从《三体》中提出了升维思考和降维打击之后，很多人都在说这两个词。升维思考的概念可以应用在每个人的生活和职场中，改变我们的生活状态。

　　升维和降维都提到了一个词，就是维度。我们平时看见的电脑屏幕，还有手里拿着的纸，这些都是二维的。而我们生活的具体的世界，是三维立体的世界。如果有一天我们能像电影《星际穿越》中那样，能够在时间尺度上自由地漫步，我们的生活就可以变成四维的。以此类推，维度可以越来越高，但是越来越复杂难懂。人类目前只能理解三维世界。对于很多昆虫来说，它们的世界就是二维的。他们只能看见黑色和红色的东西，也就是说，达到一定温度的物体看起来就是红色的，温度更低的物体就是黑色的，它们的世界就只有二维，是一个平面，而不是三维立体的。我们人眼能够看到的世界是三维世界，所以人类是比很多昆虫高一个维度的动物。

　　什么叫降维打击呢？就是作为一种高级动物站在高位的角度看问题，可以把对方的生存环境变成低维的，让人根本无法生存。宜家从创立开始到坎普拉德 32 岁之前，他遇到的是竞争对手的降维打击。对手是高维生物，各种成本都比他更低，所以就可以给予宜家沉重的打击。

　　什么叫作升维思考呢？就是把两个原本不相关的事物合并起来，完成整合之后，会取得 1 加 1 大于 2 的效果。但是想要达到这个效果，就要有一个更高维度的概念，要站在高位去思考，才能完成整合。

　　我们在生活中经常能看见升维思考的案例。比如，原本两家公司都是外卖行业的，市值都是几亿美元。后来两家公司战略合并了，市值马上就变成了几十亿美元。因为它们整合之后变成了行业的龙头老大，占据了垄断地位，没有竞争对手了。因此，这样的升级不是简单的加法，而是指数级别的上升。

　　还有些保险公司让购买医疗保险的用户把类似微信运动的这些健康数据和保险公司的 APP 关联起来，对这些数据做到实时监控。这两种行业原本毫无关联，但是利用大数据概念，它就变成了一个高维度的东西。把这些运动数据反馈给保险公司之后，保险公司就可以根据数据调整保费。如果一个人经常运动，往往意味着身体比较健康，保费自然就可以降低一些。而那些不爱运动的人，相对来说健康风险就比较高。

　　这就是升维思考的力量，把两个原本互不相干的东西用一个全新的概念整合起来之后，变成了一个全新的东西，所有资源的优势就都发挥出来了。而它们原来有的缺点和劣势，居然就这样消失了。

　　对于坎普拉德来说，他在刚成立公司的时候，遭遇了对手的降维打击。在最彷徨无助的时候，他遇到了一个改变他一生的人。这个人叫作斯文·汉松。两个人因为机缘巧合而相遇，见面之后相谈甚欢。最后，汉松被坎普拉德说服了，加入了宜家，从店长一路做到管理层，后来成了负责定价的人。他们见面的那天晚上，聊的就是定价的问题。当所有人都在拼价格的时候，最后只会两败俱伤。恶性竞争其实是没有意义的。

坎普拉德和汉松一起想出了一个高维的概念，从此之后宜家要开始做实体店了。原来那些利润不高的小商品全部砍掉，再也不卖了，转而只做大件商品，只做能够摆得出来、让人看得见的东西。坎普拉德想到了家具。

为什么说这是一个高维的概念呢？首先，大家从此不在一个维度上竞争了。宜家现在经营的叫作门店，而不再是中间商了，和从前倒买倒卖小商品有着本质的区别。其次，从此之后宜家就可以专注地做一件事情了。因为专注做一件事情，品牌的清晰度就变高了。所有人到宜家来，也只为了找一样东西。或者说，想买某样东西，直接到宜家来就可以了。

坎普拉德还有一件秘密武器。因为他最擅长的业务就是给人寄送货物，但是当时其他家具厂没有人会做。想要买家具，就要自己想办法运走。但是坎普拉德常年做邮购业务，有现成的渠道，能够把家具直接寄给买家，这就是一个创新。他还发明了一个特别好的方式，就是给所有的家具都起一个名字，让这些家具特别有亲切感。他把家具都人格化之后，深受人们的欢迎。

因为宜家的业务变得更加专注，于是在宣传上也省了不少事情。宜家之前有一本杂志叫作《宜家通讯》，虽然叫杂志，其实和小区门口发的纸质广告没有什么区别。但是因为宜家只做一样东西，就可以把广告变成一个专业的媒体，专门用来介绍家具。原来的《宜家通讯》杂志现在改名为《家居灵感》，每年有350多万宜家会员都能收到这样一本杂志。

宜家的成功还有一些巧合的因素。当时，有一个家居商城歇业，准备把店盘出去。坎普拉德听说之后，到处找人借钱，把这栋百货大楼买了下来。然后，他在《宜家通讯》杂志上正式宣布，从此以后宜家只做家具。

这个事件发生在 1951 年。这时，第二次世界大战刚刚结束。瑞典作为中立国，没有参加第二次世界大战，因此也没有遭受毁灭性的破坏，所以第二次世界大战之后经济飞速发展。瑞典政府这时开始大力推动房地产，人们对家居改善的需求也增加了，都希望过得更有格调，于是就纷纷购买新家具。宜家的家具价格便宜、设计新潮，就搭上了这辆顺风车，顺利实现了公司的转型。

坎普拉德的每一次转型靠的都是升维思考。很多朋友都去过家具市场，最大的问题是什么？就是累。因为家具市场很大，品种太多，走着走着就累了。而宜家有一个非常出名的地方，就是食物特别好吃，而且便宜。宜家最早出售的午餐只有一种食品，就是热狗。别人家的热狗售价 10 到 15 克朗，宜家的热狗只卖 5 克朗。所以当你在宜家挑选家具时，如果走得累了，可以坐下来吃便宜的热狗，吃饱之后再继续逛。这个创意就是坎普拉德想到的。

家具店卖食品，看起来是个赔本买卖，却实现了巨大的成功。首先，顾客的停留时间加长了，客单价也提高了，有效地弥补了餐饮的利润。宜家的餐厅和食品部门意外地崛起了。从 1995 年开始，宜家提供餐饮服务。几年之后，这两个部门的营收就达到了 16 亿克朗。从那个时候开始，宜家的食品部门成为了瑞典食品业的领头羊，带动了整个国家的出口。

再举一个例子。宜家开始转型做家具 4 年之后，业绩一直非常亮眼。但是接下来就遇到了问题，因为在家具行业毕竟还是会遇到竞争对手。其他家具公司原本靠着垄断价格，赚取了高额利润。但是房间里突然冲进了一头大象，把他们的生存空间都挤掉了，他们肯定不会坐以待毙。

于是，坎普拉德最讨厌的那种没有底线的残酷竞争，又重新开始了。

起初，竞争对手说宜家用低价欺骗消费者。之后，他们就向政府投诉。在瑞典，政府的基本原则是不能让一家公司独大。于是，政府开始限制宜家在媒体上投放广告，不准宜家进行宣传。接下来，竞争对手变本加厉，联合起来给上游的供货商写信，提出要求：如果有供货商继续给宜家供货，他们就拒绝从那里进货。很多家居供应商都收到了这些经销商发出的最后通牒。

这些经销商还联合起来，禁止宜家参加任何的家居展销会。最初，只是宜家品牌不准参展，到后来，坎普拉德以个人名义都无法参加展会了。坎普拉德被逼得没办法，只能求朋友带他进去，然后蒙着头观看展会，以免被人发现。

为了应对这些经销商的联合剿杀，坎普拉德想了一些权宜之计。比如，经销商们要求供货商不给宜家供货。坎普拉德就成立了几家壳公司。参加展会的时候，也是派壳公司参展。

供货商不想因为宜家而得罪其他经销商，他们选择了牺牲宜家。只有少数胆子大的供货商，才敢偷偷摸摸给宜家发货。他们在商品上不印自家的商标，这样在宜家出售的时候看不出货源。有些供货商用假地址给宜家发货，宜家取货的时候也不敢在白天出门，只能赶在晚上把货一次性拉走，像做贼一样。但是，这些方法并非长久之计。

这个时候，坎普拉德和其他几个合伙人开始商量，又进行了一次升维思考，把宜家整体带到了另一个高位。当前对手的打压手段，主要出在供应链方面。因为供应商不敢得罪其他经销商，所以不给宜家供货。想要解决这个问题，升维思考的结果就是，把从供货商手里进货，升级为自己生产。这样一来，宜家就从一个分销商变成了产供销一体的公司。

是什么给了坎普拉德这样大的勇气，让他敢于自己生产家具呢？主要在于坎普拉德很会砍价。之前，宜家从供货商手中拿货时，因为大家的进货价基本一致，所以无法取得一个特别优惠的价格。但是现在自己生产家具，而家具的每个环节都是可以拆解的。而木料和螺丝钉之类的原材料，是可以继续讨价还价的，坎普拉德的砍价天分也就有了用武之地。

同时，因为宜家有邮购业务，经常要考虑怎么包装货品。宜家的员工发现，如果能把桌子腿拆下来和桌子面板一起打包，可以节省不少包装纸，于是就有了可以拆卸的桌子。后来他们又发现，包装纸用的绳子如果由一些短绳拼接在一起，比买一根长的绳子要省钱，就开始用短绳包装。宜家的成本就是这样节省下来的。

宜家发明的平板包装是一个伟大的商业创新，大大降低了在运输过程中家具损坏的概率。保险公司觉得这个方法不错，主动降低了保费。保费成本降低之后，运输成本也就相应地下降了。就是这样一个接一个微小的创新，使得成本不断降低，因此宜家的家具总是降价。而每一次降价，实际上就完成了对竞争对手的一次降维打击。

因为其他经销商联合抵制宜家参加展会，后来宜家就想了一个办法，在展会附近租了一间房子，用来展销家具。这时，一个神奇的场景出现了，展会里的人纷纷跑出来，跑到这间房子外面排队去了。因为宜家的家具非常便宜，大家都愿意买。

后来，坎普拉德下了最后一个决心，既然要节省成本，就节省到底。原材料的成本已经不能再低了，那么就再降低人工成本。瑞典是高福利国家，工人的工资很高。所以坎普拉德决定去其他国家开设工厂。当时是 20 世纪 60 年代，正是冷战时期。而瑞典既不属于北约，也不属于华约组织；既不属于资本主义阵营，也不属于社会主义阵营。作为一个中立国家，瑞典跟两边都可以谈。后来他发现，波兰给出的价码很不错，而且波兰的工资比较低，于是坎普拉德选中了波兰，在那里投资建厂了。

当时的波兰正处于社会主义改革时期，需要改善老百姓的生活，因此和坎普拉德一拍即合，宜家顺利地在波兰开始建厂。这一次，宜家终于跨出了国门，变成了一家国际化的公司。后来，宜家把工厂开到了挪威，开到了瑞士。如今，在 49 个国家都有宜家的工厂。每年有 2000 多家供应商和宜家合作，而且为此争得头破血流，再也没人像过去一样，因为害怕其他经销商的威胁而不敢给宜家供货了。

还有一个困扰了坎普拉德很长时间的大问题，也通过品牌的国际化解决了，就是坎普拉德个人的债务问题。因为瑞典是一个高福利国家，所以税收很高。不只是企业经营所得的利润要交税，融资融到的钱也要交一笔税。坎普拉德想要合理避税，只有一个办法，就是尽量不给自己发工资，这样至少个人所得税可以少交一些。但是时间一长，就出现了一个大问题。

坎普拉德没有工资，为了维持生活，就只能给公司不停地打借条。后来，借条越来越多，最多的时候，坎普拉德欠公司的债务高达 1800 万克朗。虽然他在公司的股份越来越值钱，但是债务也越来越多了。这件事让他头疼了很多年，因为在瑞典的现行法律里，这个问题根本就是无解的。可是当坎普拉德在海外开设分公司之后，意外地发现这个问题有了解决方法。他在欧洲其他国家开工厂或者分店，都是由自己全资控股。等这些公司做大了之后，他再把这些海外公司变卖给宜家。宜家付给这些海外公司的钱，他就可以套现到自己的手里，再还给宜家总公司，用来清偿自己的债务。

简单来说，坎普拉德就是靠这种办法，不仅偿还了他在宜家欠下的所有欠款，还剩下了很多钱。而且在整个过程中，他在宜家总公司的股份也没有变卖，这些股份依然在不断地增值。一个原本看似无解的问题，因为整合了资源，完成了一次升维，问题也就变得不再是问题了。

升维思考其实并不难

全世界的创业者都没有像坎普拉德这样折腾，这才显得他非常特殊。坎普拉德有一个跟绝大多数创业者都不太一样的想法。对绝大多数创业者来说，目的只是想让企业不断做大，最后上市。但是坎普拉德认为，他的公司必须是一个家族企业。因为这家公司就像他的孩子一样，是他一手培育的，如果上市就不属于自己了，而是属于全体股东。如果经营或者管理不善，就会被踢出局。一个经典的例子就是乔布斯。苹果公司是他一手创立的，可是公司上市之后，因为业绩不好，其他股东就召开董事会把他罢免了。更重要的原因在于，坎普拉德的成功离不开家人的帮助。家人给了他很多无私的帮助，帮他顺利完成了公司的初创。最开始他雇不起员工，实在忙不过来的时候，家人就帮他打包邮寄商品，帮他接电话做各种客服的工作。可以说，他的家就是他的办公室，他的办公室就是他的家！家人为了让他的公司迅速成长，把农场里的很多屋子都清空了，给他做生意。他的父亲每天帮他记账，母亲为他管理后勤，还帮所有公司员工煮咖啡。到了1960年的时候，他已经在全欧洲开遍了分公司，成为了跨国公司的老板了，但是他出门到欧洲各地谈生意时，身边跟着的不是秘书，而是他年迈的父亲。

因此，宜家的企业文化从一开始就已经奠定了。后来加入的合伙人虽然不是他的家人，但是因为大家相处的时间很久，合作时间都长达10年以上，他把这些人也当成了家人。

坎普拉德之所以欠了公司很多钱，其实并非全部为了生活，而是给孩子买了大量的商业保险。这些钱是用来规避遗产税的。这种保险叫作终身寿险，有钱人平时把钱存在这个保险里，等到去世的时候，保额可以足额发放给自己的子女，而不用交纳任何遗产税。很多富人都用终身寿险来避税，坎普拉德大量从公司借钱，也是为了把钱存进终身寿险里。这样，他的子女就可以用这笔钱保住自己在宜家的股份，他的公司就可以代代相传，始终是一个家族企业。

这是他个人的情怀和心结，每一个普通人都应该能够理解他。坎普拉德特别害怕公司上市之后被人算计。我们知道电影《华尔街之狼》，讲的就是华尔街里的投资人多么冷血无情。如果投资人进入了宜家的董事会，坎普拉德的乡下亲戚们用不了多久就会一个接一个地出局。所以，他宁死也要把公司变成一个家族企业，绝对不能丧失控制权。

但是家族企业有一个问题，就是很多现代化公司管理的红利，他们都享受不到。荷兰人在 17 世纪就发明了股份公司，在接下来的几百年时间里，经过不断尝试和各种创新，积累下了大量的管理技术和方法。可是一般的家族企业享受不到这种现代化的红利。

而且家族企业还有一个更大的麻烦，就是容易出现管理问题。坎普拉德一生中遭遇过最大的一次滑铁卢，是投资了一个电视品牌，这个名叫普林森的品牌最后让他赔掉了四分之一的资产。这是为什么呢？就是因为坎普拉德把这个品牌交给了一个亲戚的老公管理。可是他所托非人，这人整天只知道开着私人飞机到处游玩，根本不懂得怎样管理公司。换一个正常的企业家，早就把这种人开除了，但是坎普拉德顾及亲戚的面子，直到赔掉了所有资产的四分之一，才实在无法忍受，把这件事终结了。

从此之后，坎普拉德开始痛定思痛，很多业务就不许家人接触了。这个时候，矛盾就出现了，因为家族企业是他的心结，他一定要把公司传给自己的儿子。可是公司在逐渐壮大，走向了国际化，管理问题始终是个死结。这一次，坎普拉德再次化腐朽为神奇，用升维思考的办法解决了问题。可以说，这是他人生的最后一道难关。

因为宜家已经成为了跨国公司，所以坎普拉德手里又多出了一种资源。那些海外的子公司可不只是一些实体企业，还囊括了很多当地的专家，以及多年来对这一地区的了解。他认为，只要把这些资源整合起来，一定会产生新的爆发性的威力。于是在 20 世纪 70 年代初，他下定决心，请来了美国、瑞典、英国、瑞士、法国和荷兰的一批顶尖律师，组成了一个庞大的律师团。他花了一笔天价的律师费，请这些律师在荷兰开了两天两夜的会，最后制定出了一套一揽子方案，用来应对之前的矛盾。

按照这个方案，第一步，坎普拉德全家要移民到丹麦。因为丹麦的税率比较低，而且他是瑞典人，属于外商投资移民，还能享受很多优惠政策。但是在这个地方居住不能超过 4 年，按照当地的法律，4 年之后他就和本国公民一样，既享受本国公民的福利，也要像本国公民一样交税。4 年之后，他要换一个地方居住。

第二步，他在瑞士成立了一个基金会。按照瑞典法律的规定，移民时每个家庭成员可以携带 10 万克朗出境。于是他找了 5 个家人，一共带出 50 万克朗，在瑞士成立了一个基金会。这个基金会的主要作用是在全世界各地开设宜家分公司。

第三步，坎普拉德在荷兰又成立了一个基金会。因为荷兰是全世界所有国家里，对于基金的管理历史最悠久、方法最全面、制度配套最完整的一个国家。荷兰的这个基金会控股瑞士的基金会，再由瑞士的基金会控股宜家公司。

这就是一个大圈套小圈的结构，最外圈是整个宜家集团，包括宜家所有的有形资产，例如宜家所有的海外分公司、工厂和产品。倒数第二圈是控制着宜家集团的瑞士基金会，它的主要作用是用来避税的，同时还可以控制宜家集团的实体。再往里一圈是荷兰的基金会，控制着瑞士基金会。在最里面还有一圈，是一个叫作英特宜家的公司。所谓英特，就是国际的意思。所有宜家集团的公司，只要用到了宜家的名字，就要向英特宜家交3%的特许经营费，而这家公司是由整个坎普拉德家族的人控制的。

这还不算完，坎普拉德后来又成立了一个叫伊卡诺的公司。这家公司是由坎普拉德个人持股的，只能传给他和他的直系子女。这家公司的主要作用是管控英特宜家的所有品牌，实际上就能通过这个公司对宜家完成遥控。总之，他用这种大圈套小圈的办法，充分利用了全欧洲各国的法律和税收政策，最终不仅保住了自己对宜家的控制权，也保住了家族的利益，更重要的是让宜家能够顺利地完成现代化。

当然，实际的操作过程要远比这复杂得多，单独的一个顶尖律师想要看明白这些，都要花费很长时间。坎普拉德付出了一笔天价的律师费，换来了真正的家族企业。打完这套组合拳之后，他就开始让孩子们有序地接管公司。

坎普拉德有三个儿子。大儿子从门店经理做起，后来一路做到了非常高的位置，擅长管理。二儿子是个设计师，对于品牌非常了解。小儿子是一个产品研究员，对宜家的产品非常有研究。这三个孩子也很争气，最后成功地接管了公司，开始了宜家第二代的统治。

从宜家崛起的故事里我们能够看出，升维思考其实并不难。很多人认为升维思考很难，难就难在要找到手头现有的资源，并且发现它们的本质。如果你能发现自身资源的优势，再把这些优势整合起来，就会发现各个资源本身具有的缺点全部消失了。当你升维思考这些问题时，它们就变得不是问题了。

升维思考是一个组织与个人得到升级的最有效的办法。不需要多高的学历，只需要不断整合自己手里的资源，想到一些更高维度的解决办法，那些困扰你的问题往往就能迎刃而解。那么，该怎样培养升维思考的能力呢？主要有两个手段。

第一个手段是跨界。绝大多数人面对眼前的问题时，总想在自己原有的存量里面找到解决办法。但是存量早就存在，所以注定是无效的。要找到存量之外的东西，把它的优势借鉴过来，才有可能解决问题。

这就好像现在的很多年轻人，在大城市没有户口，所以没法买房。于是很多人就一边攒钱一边交社保，等待着有买房资格那一天的到来。等到终于有了资格，房价却高得难以企及了。但是有一些聪明的人，先从大城市周边开始买起。等到自己有了购房资格，原来买的房子也已经升值了。加上几年里的积蓄，就能把原来的房子卖掉，搬到市区来住。就这么一点一点地往里挪，最终挪到市中心。这就是在存量之外想到用增量来解决问题的一个办法。

再举一个例子。有很多人不喜欢重复性的工作，认为这些完全是机械的重复，学不到东西。但是从另一个角度来看，这种工作的优点在于稳定，而且往往很清闲。这个时候就可以利用它的优势，在业余时间投资点什么。有很多名人和畅销书作者，都有非常稳定的工作。他们利用业余时间写作，最后取得了成功。

锻炼升维思考的第二个手段叫作连接。当你遇到事业瓶颈的时候，可以把面临的困难和选择写在一张纸上，然后看看能否画一条线，把其中的两个或者几个选项连接起来。这就好比解数学题时画辅助线一样。有些辅助线，其实就是答案本身。

比如，你原本的职业是品牌公关的，有很强的谈判能力，同时又特别喜欢购物，对商品有一定的辨识能力。如果你想换工作，又觉得原来的职业没有发展，在寻找下一份工作的时候，就可以尝试一下买手或者企业采购之类的工作，这就是通过连接得到的结果。

要想让人生不断进阶，就要想办法强化自己的思维能力，而升维思考，是我们的必修课。

第四章
东野圭吾："学渣"智慧闪闪发光

最近几年，东野圭吾在中国可以说是大红大紫。2017 年，他就有好几部电影上映——《解忧杂货店》《白夜行》《嫌疑人 X 的献身》，均改编自他的小说。

有人给东野圭吾评了三个"最"——推理小说界最深刻、最畅销、最有代表性的作家。甚至还有人说，他是推理小说界最帅的作家。

这些说法，当然有一部分是粉丝情人眼里出西施。然而，实事求是地说，在今天的推理小说界，能与他媲美的人实属凤毛麟角。

对于东野圭吾来说，赞美之词只会显得多余。但是，我想说的，却不是他的推理小说，而是他的两本自传，《我的晃荡青春》和《东野圭吾的最后致意》。说是自传，其实更像是散文集。这两本书的内容都来自于他在杂志上连载的专栏文章。

翻完这两本书，我有一个感觉：东野圭吾的人生，就是学渣逆袭。接下来，我就结合东野圭吾的人生经历，为大家讲一讲东野圭吾的心法——学渣智慧。

悲催的前半生

东野圭吾大学学的是电气工程专业，1981年，大学毕业之后，他进入日本电装公司工作，这是丰田汽车的组装公司，也是一家高科技公司。

最开始，东野圭吾做的是汽车组装工作，但是他发现，皮肤接触到石油会引发皮炎、皮疹，每天手都是通红的，经常会开裂。为了缓解痛苦，只能每天上药，东野圭吾苦不堪言。

因为担心自己继续工作下去会变成残疾，东野圭吾就申请换岗，后来调到了研发部门。

结果，东野圭吾在研发部门也是一事无成。后来，他想读个函授混个学历，考教师资格证，换工作当老师去。结果他发现自己不是当老师的料，放弃了。

在这段时间里，因为太无聊了，东野圭吾就去买了一打稿纸，打算写小说。

在日本文学界，一个新人要想杀出重围，只有一条路，那就是获奖。所以，东野圭吾就铆足了劲，一心准备拿奖。当时，他知道的最有名的奖就是江户川乱步奖，这也是日本推理小说界最重要的新人奖。

江户川乱步奖每年大约有300个人参加评奖，每年1月份之前，参与评选的作家要把作品寄给评委会。

东野圭吾觉得，300个人里选一个，概率比较高，值得一试。他准备给自己5年时间，每年试一次，如果都不行，就放弃写小说。

东野圭吾第一次参选的作品叫《人偶之家》。因为是第一次写小说，东野圭吾也没有经验，为了赶在截止日期之前将稿子发出去，他夜以继日地狂写了几个月，终于勉强凑够字数交稿了。

结果这一次成绩还不错，杀进了第二轮评选，但最终没有获奖。

第二年，东野圭吾的时间比较充裕，他吸取了上一次的经验和教训，先打草稿，再慢慢打磨小说。小说叫《魔球》，写的是一个高中生打棒球的故事。最终，《魔球》进了那届新人奖的最终决选。

东野圭吾是一个自视甚高的人，他发现那一届的获奖作品乏善可陈，内心很不服气，就把自己的怨气都发泄在新小说里面了。第三年，他担心还会落选，就找了个备胎。他知道有一个叫"ALL读物推理小说新人奖"的奖项，是一个短篇小说奖项。他觉得，如果江户川乱步新人奖拿不到，拿一个这样的新人奖也不错。所以，他紧急写了一篇短篇小说，参加了评选。如果能够拿下这个新人奖，也是可以接受的。

可是，就连东野圭吾自己都没有想到，他写的这本《放学后》真的得奖了。1985年，《放学后》以绝对优势获得了江户川乱步新人奖。

这一年，其实东野圭吾已经结婚了，除了妻子之外，他没有告诉朋友和家人。然而，世上没有不透风的墙，记者很快就上门了，作家圈子也开始关注他了，随之而来的还有新书发布会和记者见面会。

一开始，东野圭吾一点准备都没有。记者上门采访他的时候，他穿着睡衣就接受采访，拍了几张照片。参加记者见面会的时候，他手上还缠着纱布。出名来得太快，而东野圭吾却完全没有做好准备。

因为获奖，他的新书《放学后》卖得特别好，销量突破了10万册。

一朝成名，让东野圭吾有点膨胀了，他觉得自己可以不用再做那个毫无意义的研发工作了，就果断辞职去了东京。

作为日本的经济文化中心，东京的生活成本很高，但是每个有理想的日本年轻人，如果不去东京闯一闯，肯定会觉得遗憾的。

按照日本励志故事的套路，28岁就成为畅销书作家的东野圭吾本该开启顺风顺水的人生。然而，剧情很快就开始反转了。

他的新书签售会，其实就是一种暗示——年少成名终究根基不牢，表面的热闹只不过是虚假繁荣。

不得不说，负责东野圭吾的新书的编辑还是很用心的。为了办好新书签售，编辑找了一家不错的书店，和书店老板一起做了缜密的筹备。因为担心名气不够，参加签售的读者人数不够，编辑就发动了认识的人来捧场——同事、亲戚、朋友，全都叫来帮忙。

结果，在书店和编辑的勉力维持下，第一次的新书签售效果很好，参加签售的粉丝很多，看上去一切都很美好。

东野圭吾并不知道新书签售会背后的故事，他看到粉丝这么多，就要求编辑再组织一次签售会。一开始，编辑并没有答应，但是书店老板从中发现了商机，他就找到东野圭吾，邀请他再去书店搞一次签售会。

这一次，所有人都大意了，也没有人提前做好准备。结果，东野圭吾在书店傻坐了半个小时，也没有读者来找他签名。书店老板特别势利，一看没有人买东野圭吾的账，就把他轰走了。

事后，东野圭吾回忆，当时整个签售会期间，只有一个小男孩过来凑热闹。小男孩不知道东野圭吾是谁，只是看见这边在组织签售，就过来看看。小男孩问："哥哥，你是在签名吗？"东野圭吾说："对呀。"小男孩从身上掏了半天，终于找出来一张传单，让东野圭吾签了名。

经历了这件事，东野圭吾才彻底清醒了，也明白了自己的位置。之后十多年的时间里，他再也没办过签售会。

开弓没有回头箭。这个时候，来东京全职写作的东野圭吾已经没有退路了，他只能沿着写作这条路继续走下去。一开始，他觉得 10 万册图书的版税足够他生活一段时间，坚持 5 年应该问题不大。

然而，贫穷限制了他的想象力，东京的生活花费大大超出了他的预料。

东野圭吾在东京生活了一段时候后，悲哀地发现，这些钱甚至无法支撑一年的生活。

那么，怎么办？唯有继续写作，指望书多卖一点了。

他找到编辑，和编辑商量，怎么才能多赚点钱。编辑建议他把之前写的小说出版了，同时提醒他别抱太大期望，每本书能有1万册的销量就不错了。

果然，东野吾圭发现自己的书出版后，也就能卖出去1万册。他非常着急，为了提升销量，他想尽了办法，但是收效甚微，最多也就能卖1万多册。

既然单本的销量上不去，那么就只能靠出书的数量取胜了。东野圭吾开始拼命写作，1988年出版了3本书，1989年出版了5本书，数量虽然提升了，但是销量一本不如一本。

为了在东京生存下去，东野圭吾没有放弃。他开始尝试跟风，什么题材火就写什么。但是，他的种种尝试都失败了。

到这个时候，东野圭吾才明白，获奖的小说和大众喜欢的小说没有什么关系。书的销量纯属是个黑天鹅事件，能卖多少，卖得好不好，跟得奖没关系。自己虽然能够获奖，但却始终找不准大众的喜好。

经过几年的尝试、挣扎、纠结，东野圭吾的写作事业依然没有起色，他的心态也开始出现问题了。尤其是看到畅销书排行榜的时候，他越看越生气，自己明明写得并不比这些榜上有名的人差，却不知道何时才能出现在榜单上面。

直到2001年，东野圭吾终于进入了畅销书排行榜。从1985年到2001年，他用了16年的时间。在这16年间，他一直在渴望写出一片天的芸芸众生中挣扎、煎熬、浮沉。

没有出头的东野圭吾陷入了一种死循环。为了保证收入，他必须拼命写小说，但是小说越写越多，收入却不见好转。他终于绷不住了，心态彻底崩溃，写小说开始敷衍了。他自己承认，1992 年的作品《雪地杀机》就是敷衍之作。

用心了，作品不一定畅销；不用心，作品肯定卖不动。东野圭吾的书的销量越来越差。有一天，编辑给他打电话，说他有本书竟然一本都没有卖出去，书店只好把这本书下架了。

屋漏偏逢连夜雨。1992 年，日本开始了持续 20 年的经济萧条，直到今天也没有完全恢复。受大环境的影响，图书市场也不景气，很多出版社倒闭了。结果，原本对东野圭吾还抱有信心的出版社，为了控制成本，也不敢和他合作了。再加上他那几年的新书一上市就恶评如潮，更没人敢跟他合作了。

最让东野圭吾难受的是，蹉跎了几年之后，他一直在原地踏步，其他人的事业却在突飞猛进。他每天都能看到后起之秀接受媒体采访、开新书发布会，而他参加评奖的作品，每次得到的不是差评就是恶评，职业发展不但没有进步，反而倒退了。总而言之，他在圈子里的名声都臭了。

是生存，还是继续赌下去？对于当时的东野圭吾来说，是一个关乎生死存亡的问题。

正好那一年，他在家门口捡了一只猫，他很喜欢这只猫，为了给猫安一个家，他在东京又买不起房，就决定搬到横须贺去。

东野圭吾搬到了横须贺之后，还想再赌一把，争取拿下一个奖项。为了不辜负家人的期望，为了不辜负自己，他决定下大力气，第二年写出一本符合评委会标准的好书。

这本书叫《天空之蜂》，写的是核反应堆的故事。

东野圭吾是一名理工男，从小他就觉得学理科很高大上，语文成绩却一直不太好。所以，这一次他想发挥自己的理科优势，写一本科幻小说。

这一次，他拼尽全力，把自己的看家本事都用上了。

为了写好这本书，东野圭吾不但亲自去考察核反应堆，还想方设法参加了各种关于核反应堆的研究座谈会。有一次，他和专家套近乎聊天，听到专家说核反应堆安全性有问题，迟早会泄漏。

东野圭吾灵机一动，就把核泄漏写进去了小说里。这一次，他赌对了！《天空之蜂》出版后不久，核反应堆就泄漏了。

东野圭吾在自传里坦诚，自己心里很矛盾，从情理上来说，核泄漏是人间惨剧，自己不应该高兴，但是能够获得成名的机会，内心里还是有点儿窃喜。

然而，他心心念念了十几年的那个吉川英治新人奖，最后还是没有选上他。他再次名落孙山了。

这一回，东野圭吾彻底死心了。

但是，更心灰意冷的是他的妻子。妻子说，和他一起生活的 14 年，简直就像一名等待死刑判决的犯人。最终，终审判决终于下来了。彻底死心的她，当年就跟东野圭吾离婚了。这一年，是 1997 年。

此时的东野圭吾，人到中年，一事无成，还被净身出户，真是惨绝人寰。

这就是东野圭吾前半生的故事，完全是一出人生悲剧。

那么，他后来是怎么完成人生逆袭的呢？这就要说到他的《我的晃荡青春》了。他成功逆袭的秘密，都在这本书里。

这本书写的是他辞职写小说之前的事，重点篇幅放在了初中生活。

东野圭吾从小就不是一个好学生，成绩满分是 5 分，他的成绩基本上都是 3 分。也就是说，他的成绩很一般，刚刚达标。

东野圭吾的父母是很不负责任的家长，对他一直都是不管不顾，直到他获得江户川乱步奖的时候，他父母才知道他在写小说。他的父母为了省一点钱，把他和姐姐送到了当时最差的初中——H 中学。

H 中学是一所臭名昭著的学校，学生也都是一些其他学校不愿意收的差生或者坏学生。

有一次，学生在课堂上抽烟、说话，严重影响课堂纪律，老师制止了一下，结果第二天东野圭吾发现，老师来上课的时候腿一瘸一拐的，再也不管课堂纪律了。老师身上发生了什么事情，可以自行想象。

班上有一个转学过来的女生，忽然有一天就不来上学了。谁都不知道这个女生去哪里了。

很多年以后，他才听说，这个女生是因为班上的男生对她动手动脚，吓得她跑到教委去哭诉，闹着要转学。工作人员本来不同意转学，但是听完她的陈述之后马上就答应了。

东野圭吾上初中的时候，所处的就是这种环境。

在这样的环境里，你很难出淤泥而不染。最后，就连班长东野圭吾也光荣地加入了差生的行列，成了学渣。但是因祸得福，他的学渣少年时代，却让他积累出了不少学渣智慧。这些智慧，反倒奠定了他后来人生逆袭的基础。

学霸迎合他人的标准，"学渣"专注于解决问题

试想一下，多年之后，班上的学霸如今在干什么呢？是不是基本都在做着按部就班的工作？工作虽然体面，但离出人头地还有一段距离。

但是那些学渣同学，从初中毕业之后就开始寻找出路，多年下来，有些混得风生水起。他们从事的一些职业或者项目，很多都是新时代的产物，之前并不存在。就像鲁迅先生说的那样："其实地上本没有路，

走的人多了，也便成了路。"

有一次和几个同学吃饭，我就问他们："初中生活留给你们最宝贵的财富是什么？"有一个同学说："抄作业呀。"

见我很诧异，他解释说："你以为抄作业很简单吗？在我看来，它至少能锻炼三种技能。

"第一，要抄作业，我得求着你们学霸吧？有时候还得拿东西跟你们交换，小到给你们买零食，大到帮你们做事情。谁欺负你们了，我们得去帮着周旋调解一下。你仔细想想，这是不是和做生意很像？我的财商和为人处世的能力就是从小锻炼出来的。

"第二，抄作业还得防着老师和家长，反侦察能力就会变得强大。一旦被老师、家长识破，我们还得去说服他们，做好善后。这些都是一个好销售必备的素质。

"第三，这一点最重要。我那个时候就明白了，我不是读书的那块料，我走不了你们的那条大道，所以我必须靠自己趟出一条血路来。我得学会动用一切资源来达到目的。你想想，这和创业是不是很像？

"而你们走一条路走顺了，就知道这一条路。一旦毕业要开始工作了，站在十字路口，就不知道该怎么选择了。所以，你们往往会选择标准答案，过上了体面、安稳但是无聊的日子。"

他说完后，我仔细一想，确实如此。

当然，我并非鼓励大家做学渣。知识改变命运，这个毫无疑问。但是除了知识，解决问题的能力也很重要。

最近几年，我发现，学校只能教给我们知识，却无法培养解决问题的能力。应对变化和解决问题的能力，得靠我们进入社会后自己恶补。反倒是这些学习不好的同学，他们这方面的能力很早就磨炼出来了。

我国第一代企业家，很多人学历都不高，甚至纯粹是从小摊小贩起家的，但是这种环境最能培养一个人的生存能力，也就是解决问题的能力。所以，他们成为了第一批富起来的人。

说到底，学渣有一种大多数学霸都没有的素质和能力——他们总在寻找解决方案，而不是迎合别人的标准答案。

东野圭吾也是如此。

在他的前半生，其实就是陷入了学霸逻辑中无法自拔。在没有成名之前，他一心想要靠得奖来获得社会的认可，这个想法没有错。但是，当他已经成功出道之后，还一心想着继续得奖，特别在意书评家的看法，这就不对了。

这个时候，能够帮助他突围的，只有学渣智慧。

离婚之后，东野圭吾忽然想到几年前的一件事，开始反思自己。

1990年，他出过一本书《宿命》。这本书他完全没有用心写，但是交给编辑之后，得到了编辑的交口称赞。他投稿参加评奖，连入围的资格都没有获得。出书之后，依然是差评如潮。后来，他意外地发现，这本书确实和编辑之前预期的差不多，销量也不错。

另外，在他离婚的这两年，也发生了两件事。

第一件事。在他离婚的前一年（1996年），也是他全力以赴写作《天空之蜂》的时候，他有一部随便应付的作品《名侦探守则》意外地畅销，销量居然超越了成名作《放学后》。

当时，编辑一直在给东野圭吾打电话，让他再写一本新书，解释一下《名侦探守则》里的情节。编辑强调，这是很多读者打电话过来特意要求的。东野圭吾当时正在为离婚的事情发愁，也没心思处理这件事。

第二件事。1997年的时候，东野圭吾出版了一本完全是准备写出来气评委和书评家的书，叫《谁杀了她》，结果这本书居然又刷新了销售记录。

然而，他苦心写就的《天空之蜂》在评奖的时候落选了。

此时的东野圭吾，心情一定很复杂，想找个没人的地方大哭一场。原来，自己一直活在别人编织的网里面。他一直在努力迎合文学奖评委的标准，为了和评委搞好关系，他削尖了脑袋，混迹于有评委参与的酒会，就是想知道他们最近在关注什么。

结果，他所做的一切都是无用功。因为，真正的标准并不掌握在这些人手里，而是在读者手里。

东野圭吾就想做一次尝试。他是个理工男，相信数据，认可大胆假设、小心求证的魅力。于是，第二年，也就是 1998 年，他一本书都没有出版，一心观察《名侦探守则》和《谁杀了她》的销售数据，就是想看看自己的判断是否正确。

果然，这两本书虽然在书评家和评委那里不受待见，但读者却好评如潮，销量节节高升。

于是，东野圭吾开悟了，他终于找到了方向。那一年，他写出了改变自己命运的《秘密》。

这本书既不是推理，也不是科幻，题材有点像英剧《黑镜》，讲的是因为一场意外，母女两个人灵魂和身体互换的故事，有点儿重口味，也有点儿挑战伦理。

然而，这本书出版之后，依然和他期盼的直木奖和吉川英治文学奖无缘。好在反响很大，有影视公司想改编成电影，还找了当红明星广末凉子当女主角。

《秘密》改编成电影之后大获成功，东野圭吾终于红了。

东野圭吾趁热打铁，紧接着就写出了《白夜行》。

《白夜行》依然不讨好大奖评委，因为反映的既不是社会问题，也没有什么推理情节，主要写的就是人性的阴暗。然而，这本书火得不行，销量超过了 100 万册。

东野圭吾打了一个漂亮的翻身仗，社会影响日益提升。直木奖和吉川英治文学奖虽然总是看不上他，但是有一个组织注意到他了——日本推理协会。他们很看好东野圭吾，让他担任了协会理事。

2000 年，东野圭吾 42 岁，时隔多年之后，他终于再次举办了一场新书签售会。

这一次和上一次就大不一样了，要凭借入场券才能进场。东野圭吾来到签售现场的时候，发现已经排起了长龙，签售从下午 1 点持续到了下午 5 点，帮他翻书的助手因为长时间连续工作，手都受伤了。

接下来，东野圭吾的人生就顺风顺水了。

2006 年，《嫌疑人 X 的献身》上市，销量很快就突破了 100 万册，是当年唯一一部包揽了日本三大榜单的作品。从此之后，他成了出版界的印钞机。

也就是在那一年，他翘首以盼了 20 年的直木奖终于给他颁奖了。

如今，东野圭吾每年的版税收入基本都在两亿日元以上，相当于1200 万人民币。这还只是他在日本的图书版税收入，不包括中国、韩国等国的版税收入和影视改编之类的收入。

终于，东野圭吾彻底实现了人生逆袭。

这就是学渣智慧的力量，不去寻找谁的标准，不去迎合那些看着好像高大上的标准和答案。

学霸总在寻找标准答案，"学渣"却擅长打破规则

作家格拉德维尔写过一本很有影响力的书，书名叫《逆转》。他认为，小家伙想要击败大巨头，主要有两个方法。

第一，找到对方的规则，在规则许可范围之内，尽可能地不按照规则办事。因为规则是强者制定的，你遵守他的规则就很难赢。

第二，找到对方的弱点，并痛击对方的弱点。

这就要说到学渣和学霸的第二个区别：学霸永远在寻找标准答案，可是学渣总是在想办法打破规则。

这个道理，东野圭吾一直都明白。他很清楚，要让老百姓喜闻乐见，最好的办法，就是直指人心。

在东野圭吾之前，推理界最有名的人是松本清张。他的作品的主旨是：社会问题会导致犯罪。但是，东野圭吾从《秘密》开始，基本都在写人性的丑恶、内心的阴暗，意在让读者去感受犯罪动机。《白夜行》里面的女主角唐泽雪穗就是个典型，对她来说，杀人本身就是一种乐趣。

其实，东野圭吾一直都不是一个追求高大上、不接地气的人。他抱着满腔的热情来到东京的时候，有读者写信问他，为什么他的小说里面从来不出现地名。他自己也反思了这个问题，但是，他只熟悉老家和工作的地方爱知县，其他的地方他完全不了解啊。

很多作家都羡慕梭罗，都想找个有山有水的地方安静地写作。但是，东野圭吾最喜欢在闹市居住。他觉得生活在小商小贩中间，更容易感知生活的力量。

正因为如此，东野圭吾的小说烟火气很重，他写的《嫌疑人X的献身》就是闹市区的故事。他经常去一些热闹的地方，特别喜欢观察学校旁边的小贩，看看他们怎么工作，背后有着怎样的故事。

《我的晃荡青春》原来的名字叫《那时我们是傻瓜》。这是东野圭吾在1995年在杂志上连载的文章结集，是他人生最低谷的时候写的。

这本书完全是一本碎碎念的书，全是流水账和一些莫名其妙的细节。

故事也不连贯，东拉西扯，一会儿写学校门口的小商贩是怎么卖假货骗钱的，一会儿又写那时候的奥特曼有多好看。

可是谁都没有想到，《我们是傻瓜》一连载就大受欢迎。但是，连载只写到东野圭吾辞职离开电装公司就结束了。因为他用力太猛，什么都写，他的同事集体抗议，他只好停笔了。

东野圭吾擅长自嘲，经常在文章中自黑，所以读起来让人觉得非常贴近生活，又很亲切。这一点，从他的自传书名就可以看出来——《东野圭吾的最后致意》，台版书翻译为《大概是最后的招呼》。

大概很少有自传是这么取名字的吧？他在书里面经常写：圭吾某年某月做了什么事。这是跟恺撒大帝学的。恺撒写的《高卢战记》就是这样：某年某月恺撒到了哪里，做了什么事。

这就是东野圭吾的学渣智慧，他不追求标准答案，永远都在寻找打破规则、赢得比赛的办法。

学霸只知道一条路，"学渣"却懂得变通

在东野圭吾的自传中，有一点让我最有感触。

我有个人民大学的师兄，是如今一个互联网大佬的舍友。一次聚会的时候，他跟我说："当年我们班基本都在考公务员，我去出版社已经算另类了。当我们在按部就班地生活的时候，那个互联网大佬还在天桥摆摊卖光盘呢。有一次，他来找我，让我给他投点钱。我那时候是有钱，但是我觉得他那个创业项目不靠谱，就劝他说，要不你跟我学炒股得了。多年以后，回想起这事来，真是一把辛酸泪，当年要是投资他，那笔钱现在至少值好几个亿了。"

所以说，不要走大家都走的大路，有时候抄小道反而能更快到达目

的地。

这个道理东野圭吾从小就明白，因为初中的时候的一件事情，对他刺激特别大。

上初中的孩子，道德、世界观还没有成熟，却叛逆、容易冲动，很难管束。东野圭吾班上很多好学生都进排球队，差生都进篮球队。为什么呢？因为排球有球网隔着，篮球没有，经常因为身体接触引发冲突，群殴屡见不鲜。

后来，学校无奈之下，就把体育课改成了性教育课，体育老师改教男生生理卫生。而这个体育老师（或者说生理卫生老师）改变了这些孩子的人生。

体育老师很清楚怎么和这些小孩打交道。

上课的第一天，他就问了一些生理卫生方面的问题，甚至直接问，你们有过性经验的人多不多？请举手。

上课的时候，老师还直接告诉学生，抽烟的靠窗坐着，不抽烟的靠走廊坐着。然后，让学生讨论未成年人抽烟的利弊。

按道理来说，指望一个体育老师是不太现实的，让这帮差生不惹事就已经很成功了。但是谁都没有想到，这个老师带出来了一帮神奇的孩子。

马上就要中考了，但是这帮差生怎么考？

幸好，那个时候日本有个政策，有运动天赋的孩子可以保送好学校。这帮坏小子正好搭上便车了。

东野圭吾班上几个很不上进的坏小子，因为和体育老师打成一片，后来都进了橄榄球队。其他学校的孩子，都在忙着学习，也没心思练习橄榄球。结果，这帮坏小子越战越勇，最终拿到了冠军，顺利保送去了最好的高中。而东野圭吾这种学习成绩一般、体育不行的孩子，只能羡慕了。

从东野圭吾的自传里可以看得出来，他做事情 3 分钟热情，没多久就放弃了。但是他碰巧也有个绝活，就是模仿。

《我的晃荡青春》里面写过，东野圭吾小时候看漫画，看完了自己也想画一本。

1974 年，东野圭吾 16 岁，这一年是他的创作元年。他读了一本《阿基米德借刀杀人》。当时，为了骗他看书，大姐就说这个江户川乱步很有名气，原名叫爱伦·坡，是一个美国人，后来入了日本籍。那时候的日本孩子都很爱国，东野圭吾也一样，他听了之后就兴趣大增，一口气把这本书看完了。其实，江户川乱步用的是爱伦·坡的谐音，是如假包换的日本人。

后来，东野圭吾又读了《高中杀人事件》《零的焦点》，都是松本清张的作品。

那年冬天，他写了第一本小说《智能机器人的警告》，有 300 多页稿纸，大概 20 万字。这是一部本格推理小说。但凡他喜欢什么，就一定会学得有模有样。在他的人生中，这些经验后来都成了他的财富。

他的第二本小说叫《狮身人面像的积木》，一直都没有写完，他就搁笔不写了——因为要考大学。

20 岁那年，东野圭吾想当编剧，结果也放弃了。他把精力转到射箭比赛上去了。后来，他还作为主力代表学校参加了大学射箭联赛，结果成绩倒数第一。他觉得自己缺少领导力，就退出了射箭部。

东野圭吾最大的优点就是从来都不认死理，不会一条道走到黑，这个不行就换另外一个。

东野圭吾曾经梦想当一名导演，他在上大学的时候就喜欢和同学一起拍视频。虽然不怎么成功，但是基础还是打下了。

后来，他在东京闲来无事的时候，为了给小说找点新元素，就去学古典芭蕾舞。有一次，他意外地看了一场舞台剧《歌剧魅影》，之后他就场场不落，只要有地方在巡演《歌剧魅影》，他都会去看。后来，他又对舞台艺术产生了兴趣。

所以，在生活我们要多尝试，就像在自己的花园里种几盆花，你不知道哪一盆能开花，但是只要播下种子，最终总会发芽的。

有人就总结过东野圭吾作品的特点。

第一，每本书都不厚，200到300页，20万字左右，不长不短，很快就能看完。

第二，前10页一定让矛盾全面爆发，绝不拖拖拉拉、半天都没有高潮。

第三，故事情节的节奏和影视剧高度一致。

这些都是影视剧的写法。因为影视剧是个彻底商业化的行业，十分钟没有高潮，观众就都离场了。

写完《秘密》之后，东野圭吾还摸索出了小说成功的秘密——严格按照影视的逻辑来展开故事。

最开始他接到剧本的时候，他发现编剧把情节改了。小说的主人公是一位父亲，但是编剧把女儿变成了主人公。他思索了好久，发现影视剧和小说确实不一样。他就开始有意识地去按照影视剧的逻辑去写。为了熟悉影视剧创作的原理，他甚至还去客串演员，从而认识了一大批明星。

没有人的成功是偶然的，东野圭吾的人生经历就有力地证明了这一点。

三　人生进阶指南

第五章
李叔同：人生不断上升的终极心法

我一直觉得，人的一生能达到的高度虽然是靠实力和运气，但是学会做选择，要比实力和运气更重要。

那么，有没有一种关于选择的终极心法呢？

有，这个心法叫"非连续性"。这个概念是混沌大学的创办人李善友先生最先提出来的。而弘一法师李叔同的一生，则完美地诠释了什么叫作"非连续性"的人生。

什么叫非连续性？

李善友教授的这个概念，主要是用于解释企业的，但是我觉得用在个人的人生规划上也是可以的。

截止到目前，1987 年福布斯前 100 企业中，有 61 家企业已经消失了，剩下的 39 家企业里，只有 18 家还在前 100 名，而且它们的平均回报率都不如市场平均水平——除了通用电气。但是为什么世界上会有一些像苹果、谷歌、亚马逊这样能够长久立于不败之地的公司呢？为什么很多企业——比如说当年的诺基亚、雅虎曾经烜赫一时，但是忽然就急转直下了呢？

人生规划也是如此。有那么多人一步一个脚印地稳步前进，从月薪几千到年薪百万，并能一直保持这个水平。而大多数人要么一辈子庸庸碌碌，要么曾经辉煌过，后来就一蹶不振了，好像之前的成功只是因为运气。

为什么？

李善友教授研究了大量案例之后，得出了一个结论：像苹果、谷歌、网飞这样的公司，他们做对了一件事——在自己最辉煌的时候，选择放弃，重新开始。因为任何企业的核心业务模块，如果被验证成功了，那么长时间的走势一定是一个开口向下的抛物线，在前期时平稳上扬，在最顶端时开始回落，最终被另外一家公司用一个新的抛物线截胡。比如诺基亚，苹果推出 iPhone 的那年，正是诺基亚财务状况最好的一年，那时候大家心目中的机皇是 N95。10 年之后，苹果的那条上升抛物线出来了，但是诺基亚接下来就是一个下滑的抛物线，几年后就被收购了。

所以，企业若要立于不败之地，就一定要在自己达到鼎盛的时候，开始一条新的开口向下的抛物线，然后不断持续、迭代下去。唯有如此，企业才能永远立于不败之地。

这就叫非连续性。

其实，乔布斯成功的秘密也是非连续性。乔布斯复出之后，苹果的电脑业务做得很成功。但是在苹果电脑的业绩达到一定高度的时候，乔布斯意识到，在不久的将来，移动设备就会超越电脑，但是当时移动设备的技术尚未成熟。所以，乔布斯就转向了随身听，发布了 iPod，大获成功。后来，当 iPod 业务已经占到苹果公司营收的 50%、市场份额达到 70% 的时候，苹果发布了 iPhone，一举成为智能手机巨头，手机业务也开始全线超越 iPod 和电脑，开始了第三条非连续性曲线。2010 年，苹果又推出了 iPad，开始了第四条非连续性曲线。

网飞也是一样，从做 CD 到做版权，再到做电影，就是这么一条曲线接着一条曲线，非连续性地不断上升。

乔布斯说过一段话，大意如此：我平时只在想一件事，当我的业务做到最大的时候，谁会来颠覆我？与其等着他们来颠覆我，还不如我自己来颠覆自己。

而我们反过来看，为什么那些不是非连续性发展的企业或者个人一定会失败呢？因为他们把分析和决策建立在了归纳法上。

归纳法是人类直觉思维最典型的特点，因为我们老祖宗就是根据归纳法来生活的，并代代相传。太阳东升西落，所以我们的老祖宗的生活也以天为单位，因为他们知道，太阳第二天一定会升起来。正因为如此，所以人们也总是习惯于从过去发生过的事情中总结规律，并以此来指导未来的行动。

但是职业发展和企业发展不是这样的，昨天的成功不等于今天还能成功。30 年前，所有人都想做公务员，下海的都是混得不好的，今天再看呢？10 年前，人们都热衷于进央企，创业的都是找不着好工作的，现在看看呢？

这个道理放在人生中也是一样的：那些一辈子都在成长的人，他们都是非连续性的，而那些大起大落的人，往往成功一次就不行了。

其实，在《哈利波特》成功之后，J. K. 罗琳写的书和走的路都有问题，她并没有开始非连续性，所以后来转型就不那么成功了。

而面向未来做决策的董竹君，一直在非连续性地生存。从青楼歌女到督军夫人，再到女企业家，再到新中国的女政治家，其实就是在自己颠覆自己，然后开始新的上升曲线。这就是一条非连续性曲线。这样的人生，才能永远都能让自己立于不败之地。还有奥普拉、布隆伯格、梁启超这些跨界大神，其实都是这样。他们的人生都经历了非连续性。

简而言之，所谓非连续性，就是让你的人生，在达到一个新的高度的时候，开始一条新的曲线，延续上涨的趋势。

非连续性的道理其实不难懂。关键是，如何找到第二条非连续性曲线呢？

比如，有个人是篮球运动员，篮球打得特别好，但是他在事业达到巅峰的时候忽然改行去踢足球，这不叫非连续性，这叫作死，也叫不连续。

但是反过来，如果有个人是短跑冠军，他觉得自己在跑步这件事上永远无法超越博尔特，但是他从小就喜欢足球，踢得也挺好，是不是可以去踢足球？在足球场上，速度快爆发力强，是一个边锋应该具备的优势。这就是非连续性。

所以，想要找到自己人生的非连续性曲线，就一定不能靠直觉思考，更不能胡来，得找到一个叫作"第一性原理"的东西，它是你一辈子要坚持做的事情。一切都在变，但是第一性原理不会变。

比如，施瓦辛格的第一性原理是健身和社交，杜月笙的第一性原理是人际关系。虽然行业变了，自己做的事情也都面目全非了，但是清晰地知道自己的核心价值，让自己始终处在非连续性状态，才是不断成长的关键。

接下来，我们就来看看弘一法师李叔同是如何开启非连续性的一生的。

要做就做第一人

1880 年，天津盐商李筱楼的第三子出生了。68 岁老来得子，老爷子很高兴，给他取名李文涛，又名叔同。

李叔同 5 岁的时候，李筱楼年事已高，便把他托付给了长子李文熙，不久便去世了。

李筱楼是同治四年的进士，曾在李鸿章手下做官。后来他觉得官场无趣，就下海经商去了。他经营盐业，开办桐达钱庄，几年下来便成为了津门巨富。李家的宅子沿街而建，坐西朝东，背靠海河，占地面积 1400 平方米，共有 60 个房间，住着好几房姨太太。

既然老爷子托付了，李文熙自然也不敢怠慢，对弟弟是照顾有加。其实，当时李文熙才 17 岁，也是个孩子，管好这个家已经让他焦头烂额了，其他的事他也管不过来。

李叔同 5 岁了，应该开始学习了。李文熙就给李叔同进行魔鬼式训练，每天把他关在书房里坐两个钟头，进行传统文化和道德教育，学习《千字文》《朱子家训》《黄石公素书》《论语》《孟子》《中庸》《大学》等。

按说这么教育，一般的小孩早就造反了。但是李叔同跟别的孩子真不一样，他有一个强大的大脑，记性特别好，什么书扔给他，马上就能看完，而且能够过目不忘。

四书五经和那些道德文章，李叔同很快就背完了，然后就开始学秦文、汉文、唐宋八大家。几年之后，他把《文选》《尔雅》《说文解字》也背下来了。

李叔同就像个喂不饱的巨兽，给什么吃什么，而且从来不会消化不良。后来，他连佛经也读遍了，甚至街坊的管笛、平词、皮黄都学遍了。

李叔同 15 岁那一年，李文熙给他请了一个书法师傅唐静岩，教他练书法。结果，李叔同很快就学会了书法，魏晋南北朝的钟王曹魏，唐朝的褚遂良、颜真卿也都练了。

等他十六七岁时，已经成了一个大才子，拥有三大绝活。

第一个绝活是书法。李叔同学的是魏碑中的《张猛龙碑》。魏晋南北朝时候的书法比较刚猛，丝毫不矫揉造作。李叔同的字有自己的风格，带了点古朴和棱角，不仔细看看不出来他模仿的是《张猛龙碑》。

第二个绝活是写诗词。李叔同唐诗宋词背得滚瓜烂熟，后来他就自己学着写，13岁就已经小有所成了。后来等他长大一点，他不再闭门造车了，开始学宋代词人找场景来写。当时，李叔同的母亲喜欢看戏，他就经常跟母亲一起去看戏。在看戏的过程中，他还学会了唱戏。其间，李叔同迷上了一个叫杨翠喜的姑娘，还给她写了两首《菩萨蛮》，以此来表达自己的爱慕之情。

那两首词我读了一下，水平不低。

其一：

燕支山上花如雪，燕支山下人如月；额发翠云铺，眉弯淡欲无。
夕阳微雨后，叶底秋痕瘦；生怕小言愁，言愁不耐羞。

其二：

晚风无力垂杨嫩，目光忘却游丝绿；酒醒月痕底，江南杜宇啼。
痴魂销一捻，愿化穿花蝶；帘外隔花荫，朝朝香梦沾。

第三个绝活，写得一手好文章。

16岁那年，李叔同考上了天津的辅仁书院。当时科举还没有废除，人们仍然觉得通过科举做官是一条正途。

可是李叔同入学之后，觉得太无聊了。当时辅仁书院组织考试，每个月考两次，考好了发奖学金。李叔同家里有钱，他也不差钱。年轻人爱表现，他不但《师说》《马说》《爱莲说》之类的文章背得滚瓜烂熟，写文章速度也比别人快，眼看纸都不够写了，他就一行格子里写两排字。

这件事很快就在学校师生中传开了。由此，李叔同得了一外号，叫李双行。

其实，像李叔同这样的少年才子，在中国古代为数不少。他接下来有很多条路可以走，可以走仕途，可以从商，也可以教书。但是以李叔同的才华，走这几条路有点可惜。所以，快到20岁的时候，李叔同就自己主动选择了，开始第二条非连续性曲线。

我在前面讲了，寻找第二条非连续性曲线，不能靠胡来，得严格按照"第一性原理"来找。第一性原理是最本质、最核心的东西，可以是追求，也可以是一种核心技能。

那李叔同的核心技能是什么呢？他智商高，悟性好，记性也好，能够过目不忘，是个天才。

那作为一个天才，可以追求的又是什么呢？就是可以给别人做个榜样，因为我学得比别人好、学得比别人像、学得比别人快，所以什么新潮我就学什么，在大家还没完全看懂的领域，自己先试个水，用最快的速度学会，让别人跟着我学。

李叔同小时候就这样，他最喜欢玩的游戏就是领着一群孩子披着红布当袈裟，他自己扮演法师，给小伙伴们做心灵导师。

李叔同的学生、著名画家丰子恺对李叔同的第一性原理有个很精准的概括："李师少年时做公子，像个翩翩公子；中年时做名士，像个名士；做话剧，像个演员；学油画，像个美术家；学钢琴，像个音乐家；办报刊，像个编者；当教员，像个老师；做和尚，像个高僧。做一样，像一样。"

快速学会，学什么像什么，然后做榜样给人看，这就是李叔同的第一性原理。那对于李叔同来说，第二条非连续性曲线是什么呢？

李叔同当时住在天津，他上学那段时间是1898年前后，正好赶上戊戌变法。天津当时是变法维新的阵地，当时严复就在天津。

但是当时的维新变法做得最好的是湖南和上海。主阵地是在上海，后来转移到了湖南。李叔同对湖南无感，他想去上海。

当时，李叔同刻了个印章，上面刻着：南海康梁是吾师。这个印随着他的书信就传开了。李叔同自然就成了人们眼中的维新派。

其实，当时李叔同已经娶妻生子了，本来他还犹豫着要不要抛妻别子前往上海，但是形势逼人，戊戌变法失败之后，全中国都在搜捕康梁同党。李叔同只好赶紧去了上海，从此开始了他的第二条非连续性曲线。

李叔同有个习惯，每次开始一段新的人生，就给自己取一个新名字。他这一生除了本名李文涛，还有我们比较熟悉的李叔同、弘一法师之外，还用过李息霜、李岸、李良、李广平、李漱桐等名字。据不完全统计，他一生之中用过 235 个笔名、化名。即使出家之后，他也还经常更换笔名。

到上海后，李叔同给自己取名为李成蹊。桃李不言，下自成蹊，一语双关，意为只要我道德高洁，自然会有人追随。

想要变法，就得有组织，所以李叔同到了上海之后，就开始学着维新派开办社团。他和大画家任伯年一起办了个上海书画协会。

然而，这条路他并没有走对。李叔同每天接触的都是文人雅士，经常聚在一起画画写诗，其中最有名的几个人号称天涯五友。但是，时间一长，活动变成了大家一起混迹高级娱乐场所。这不是李叔同想要的结果。

戊戌变法之后的 5 年，是整个社会的舆论低潮期，整个社会的风气是保守倒退的，一帮保守士大夫把持朝局。一直到八国联军把慈禧太后打服了，她才知道必须要改革了。

李叔同在上海时，还去过上海交通大学的前身南洋公学学习。当时，教育家蔡元培想在那里认真做教育，鼓励学生办报纸杂志，然而因为保守的气氛，蔡元培带着几个学生集体退出了学校。

后来，李叔同的儿子出生了。他忽然意识到，自己的状态有点不太对劲。普通人家有儿子出生,写的都是"最喜小儿无赖,低头卧剥莲蓬"之类的诗词,可是李叔同却写了一首《老少年曲》:"梧桐树,西风黄叶飘,夕日疏林杪;花事匆匆,零落凭谁吊。朱颜镜里凋,白发愁边绕……"

那年,他才21岁,心态却和古稀老人一般。李叔同还曾感叹:"长江后浪推前浪,我的孩子都出世了,我还有什么可为的?老了!老了!"

李叔同忽然意识到,其实维新变法的本质不在于创办社团、鼓吹变法,而是维新。靠他们几个文人雅士,在国内是真做不出什么事情。所谓维新,总要知道什么是新的吧!文人社团这东西明朝就有了,也不是什么新鲜事物,要做就做最新的。

于是,李叔同又把名字改了,叫"李广平"。又因为那首诗,他给自己取了个别号叫瘦桐。

虽然走了一段时间弯路,但是李叔同对自己的第二条曲线慢慢清晰起来了。可以看得出来,李广平时期和之前的李成蹊时期,有一个清晰的界限。

比如说,李成蹊时期,李叔同创办的社团一般都叫××社、××公会,命名方式和古代差不多,因为都是传统文化社团。但是在李广平时期,他和南洋公学那几个退学的同学一起创办了一个组织,叫沪学会。学会这名字,一听就很新潮。这个组织的主题也不再是书画、诗词了,而是宣扬婚姻自由、写爱国流行歌曲之类的。

李叔同还在同学中间推广普通话。因为他是北方人,其他南方同学普通话说得没那么标准,很多同学就请他来教普通话。这件事李叔同坚持了一辈子,还编过一些教科书。他制定了很多规则,一直沿用至今。

比如说,原来李叔同虽然也喜欢新事物,但是基本上还是中国传统士大夫的形象。他从南洋公学退学之前,居然还去参加了一次科举考试。

但是在李广平时代,李叔同做事都是优先采用西洋风格。比如说李叔同办葬礼就是全西式葬礼：用西餐招待前来吊唁的亲友，不让送纸箱、花圈、纸钱之类的。他还是全中国第一个戴黑纱、弹钢琴唱哀悼歌的人。

李家的"追悼会"因为去了许多社会名流，很快就被天津《大公报》的记者报道了，震惊了整个天津市。李叔同也成了天津破除丧礼繁文缛节的第一人。

刚好那一年，科举也废除了，很多年轻人都想去日本留学，学点新文化。于是，在1905年前后，中国涌现了一股留学日本的热潮。李叔同便东渡日本，直奔维新变法最成功的发源地去了。

李叔同在日本恶补了三个月日语，顺利地考上了东京上野的东京美术专门学校油画科，他也成了中国留学生里专攻西方画的第一人。

他把装扮也彻底改了，身着西服，剪了辫子，梳上西式发型，完全变成了一个现代人。他的照片发在当时东京的一个叫《国民新闻》的杂志上，一时间成为了一种现象。李叔同那个第一性原理开始起作用了：要做就做第一，给别人做个榜样。

当时，他又改了名字，李广平从此变成了李岸，意指自己到达了彼岸。

除了外型，李叔同把整个人的生活状态全都改了：睡榻榻米，吃生鱼片，平时穿和服、说日语，还学会了茶道。半年过去了，公寓附近的人竟然没人知道他是个中国学生。

这是李叔同的做法，学东西快，而且学得有模有样。丰子恺的评价可谓恰如其分。

在日本留学的时候，李叔同的专业是绘画。

李叔同拥有三大绝活——书法、文章和诗词，为什么还要学画呢？

因为李叔同觉得艺术比文学高一个维度。画不仅表达了诗境、情境，也表达了人类灵魂的深思——表达人类语言无法表达的语言。如果能学好画画，就实现了思维升维。

最有意思的是，李叔同性格中庸儒雅，喜欢安静，在绘画方面最喜欢的是山水。但是他到了日本之后，发现西方绘画的核心是人物，不是山水。

大名鼎鼎的文艺复兴三杰都是画人物的，古典主义和浪漫主义也是人物为主，因为人物画比较容易爆发出张力。米开朗其罗和教皇博弈了一辈子，就要坚持画裸体，他认为人体中包含着雄浑的力量，这是静物和山水做不到的。

李叔同觉得，既然要学，就学人家最精髓的人物画——直奔人物，要学就学最极致的——画裸体。那些中国后进们看自己都这么画，也就敢迈出这一步了，不会被人骂有伤风化。

在当时号称已经脱亚入欧的日本，其实也对人体画比较排斥。发现这一点之后，李叔同更坚定信心了。他开始征集人体模特。

在这个过程中，他结识了后来的妻子城子。

城子那年才19岁，是一名音乐女校的预科生。因为家境贫寒，她急着做兼职补贴家用。一开始，城子并不知道兼职是当人体模特，但是李叔同一眼认准这就是他想要的模特，因为城子的身高、曲线、脸型有中国女人的气质。

于是，他主动表示，愿意提供每周10元的薪资。看在钱的分上，自己也是学艺术的，能够理解艺术，城子勉强答应了。但是，城子毕竟还是第一次做人体模特，经常为难、委屈得想哭，李叔同就劝她："你既然学音乐，你就知道：音乐的美，寄情于声；绘画的美，则表现于色。两者的共通精神，与其他艺术一样，都是写人的精神活动。人心如画，你心里想，裸体是可耻的，便不能见人；你心里想，艺术是庄严的，你便感觉模特儿也不卑贱。"

一来二去，李叔同和城子不仅成了合作伙伴，也成了精神伴侣。两个人后来结婚了。

多年之后，回过头来看，李叔同直奔人体画这个选择相当大胆，但是无比正确。他对于后来的那代艺术家的影响特别大，比如徐悲鸿。民国画家之所以能够画裸体，那是几代人努力的结果。甚至在 1928 年，大画家刘海粟还因为画裸体被社会各界群起而攻之，连大军阀孙传芳都参与进来了。早在 1914 年，李叔同就在杭州的浙江第一师范学校开设人体写生课了。因为有李叔同这个榜样在前，打开了这扇门，所以后学们才会前赴后继，得其门而入。

这就是李叔同坚守自己第一性原理的正确：要做就要做第一人，给人们做个榜样。

不断开辟新的非连续性曲线

李文涛时代的三样绝活，李广平时代的全盘西化，李岸时代的人体绘画。这三条非连续性曲线，李叔同在日本期间基本上都已经做到了极致。其实，在这期间还有一条暗线，算上的话就是四条了。

来到日本之后，李叔同觉得艺术比文学高一个维度。但是，艺术不只有美术，还有音乐。所以他在学画的间隙，还在学钢琴。另外，他还办了个《音乐小杂志》，寄到上海发行。

自从李叔同和城子相识相知之后，李叔同的音乐生涯这条线也开始了爆发式增长。城子是学音乐的，李叔同就弹钢琴给她听，让城子评价。城子说这曲子弹得比她老师都要好，其实这是李叔同学琴的第二年。

后来，李叔同的钢琴功力日臻完善，国内第一个用五线谱作曲的是他，第一个在国内最早推广钢琴的也是他。

在这里，我得强调一点，这个很重要——李叔同做这些不是为了炫耀。这是他和别人不一样的地方。

民国的大师不少，开风气之先的也不少，但是很多人有个问题：喜欢炫耀和卖弄。比如说胡适有个习惯，写日记都写两份，自己再手抄一份，准备将来宣传自己用。另外，但凡是留学回来的人，满口都是英文单词，骨子里有一种优越感。

然而，真正的天才不会炫耀。丰子恺对李叔同有个很惊人的评价，我看了都觉得震撼："我们的李师，最不同于别的先生！他的日文好，但我们从没有见过他说过一句日语——他在日本读了5年大学呢！别走了眼，他的英文也比我们的英文先生棒，而我们没听他卖弄过一句英语；他的国学，不用说了。但他所主持的，却是音乐与绘画两科。"

这就是李叔同，让我想起来一本书的名字：天才之为责任。李叔同才是真天才，而且他对这个世界就是这样，凡事都要做到极致，要做就做最颠覆、最难、最大胆的。

然而，对于李叔同来说，以他的才华，四条非连续性曲线是不够的。他开始思考第五条曲线了。

有一天，李叔同和城子聊天，发了一通感慨，觉得过去这么多年，自己潜心研究的东西其实都是风花雪月，并不能代表自己的真实水平。诗词也好，音乐美术也好，都太阳春白雪了。这个世界真正需要的，是给苦难的人民的东西。

城子问他想做什么，李叔同说想做戏剧。城子是那种典型的日本女性，比较顺从，她知道李叔同的才情和决心，就说："我不演戏，但你会演戏的，你经过之处都有光，你搞什么都有成就！"

第二天一早，李叔同就去拜访日本戏剧权威藤泽浅二郎。

但是一见面，藤泽就给他泼了一盆冷水。并不是说李叔同能力不行，而是西方戏剧和中国京剧不一样，中国京剧虽然也有群戏，但是主要还是大主角戏居多，其他人都是跑龙套的。西方的戏从莎士比亚开始都是大群戏，每个角色都很重要。

藤泽的意思是，戏剧非常烧钱，而且当主角都不容易出名，搞这个难度很大。他是好心规劝，但是对于李叔同来说，这是个启发：原来这就是西方戏剧的秘密。他对此更着迷了。

李叔同家里有钱，钱肯定不是问题，他就高高兴兴地去筹钱了。

1906 年 10 月，李叔同一手操办起了春柳剧社，带着几个留日学艺术的中国学生曾孝谷、陆镜若、马绛士、黄二难、欧阳予倩，就开始排戏了。演的都是那些苦大仇深的戏，斯托夫人名著《黑奴吁天录》（也就是《汤姆叔叔的小屋》）、雨果的《孤星泪》等。

按照李叔同的性格，凡事都要做到极致，好给后人做榜样。那么拍西方戏剧，如何做到极致？当然是男人反串女人。李叔同心想，如果我连女人都演得好，说明中国人是有戏剧天分的。所以，他演了一部《茶花女》，在里面饰演茶花女。中国人演西洋戏剧，这又是历史上的第一次。

这次演出大获成功，谢幕词都被掌声淹没了。后来，不但中国留学生纷纷报名参加剧社，就连日本和印度的学生也加入了。

从 1905 年 9 月到 1911 年 3 月，李叔同在日本求学五年七个月，后半段基本上都在弄剧社的事情，春柳社后来还开到了上海。

这是李叔同的第五条非连续性曲线。

民国大师一般是一人开创一个领域，但是李叔同一个人就弄了四个：音乐、美术、话剧、诗歌，全是开创者。这样的人在民国仅此一例。从这个角度来看，论才华和天分，民国实在没有几人能与李叔同相比。

不成长，毋宁死

经过 5 年的努力，李叔同已经把同龄人远远地甩在了后面，等他再回到天津老家的时候，整个人已经脱胎换骨了，看世界的角度也都不一样了。

我一直在倡导，要做一名终身学习者，要升级认知、升维思考，其实目的只有一个：让自己进化。

回国之后的李叔同的人生选择明显就进化了。

原来李叔同是个富家公子，锦衣玉食，喜欢风雅，每天都和文人雅士一起诗文唱和。但是等他学成回国之后，他对于名利其实看得已经不那么重了。

他回家之后，对衣服也不讲究了，开始穿普通衣服。

有一天，大哥李文熙找他，告诉他："糟了，天津的盐商通通垮了！"

李叔同就问："他们失败与我们何干呢？"

他哥哥说："我们也是盐商哪！我们还是大盐贩子呢，我们入股的义善源钱庄，投资了 50 万大洋啊！"

然后，李叔同就问："你换个角度想。要是我们在北京呀，早就让八国联军一把火烧了。"李叔同感慨："我们与生而来的——除了赤裸着的身子，别无长物！"然后，他叫上一个小厮，两人到厨房里做了几样小菜，喝酒去了。

之后，李叔同又把名字改了，叫李息霜。

辛亥革命之前，李叔同家的票号陆陆续续地破产，最后李家除了河东的一座住宅，什么都没了。

李叔同就离家去了上海。到了上海之后，之前的那批文人雅士想拉着李叔同办各种会社。李叔同不胜其烦，他觉得自己需要找一个安静的地方好好休息，不想每天再去参加应酬了。更重要的是，他的思维境界提高了，他觉得自己最要紧的是收徒弟，改变更多的人，让他们走上艺术之路。

他一直在寻觅合适的落脚之处。最终，他选择了杭州，那里让他有"如归故乡"的感觉。他就和城子打了个招呼，果断离开上海，去了杭州浙江第一师范，教图画与音乐。画家丰子恺、画家潘天寿、音乐家刘质平，都是他在杭州带出来的高徒。

然而，李叔同是个不停寻找非连续性曲线的人。他在杭州任教7年，真的就能静下心来吗？

其实，在这7年里，李叔同的经历特别像他当初想要学西学的境地，感觉非常困顿。

他在杭州的时候写的诗词，风格很悲苦。比如说那首著名的《送别》：长亭外，古道边，芳草碧连天……还有《悲秋》《月夜》《落花》《晚钟》等等，风格都比较苍凉。

其实，这个时候李叔同是在寻找人生的下一个曲线。随着时间的流逝，这条曲线越来越清晰。

有一次，李叔同和城子深谈，开始反思自己过去十几年的几次飞跃。

"我一开始学诗、学书法、学金石，回头想想，只不过是庙堂心理的反映而已。这都是些装酷的东西，后来我稍有所成，便不屑于专一了。

"之后，我再追求西洋油画、戏剧、音乐。我想，这才是平民阶级的东西。因为小曲、唱戏人都喜欢，村里的姑娘也都喜欢。但是刚进入这种境界，学他个皮毛，我又不屑了。

"其实不过就是'画匠的画，卖春联人的字，票友的戏，风花雪月的滥曲子'。"

除了审美比形式高，那有什么比审美更好呢？当然是哲学了。人要有智慧、有器识、有定境。此时，李叔同觉得自己想通了：一切世间的艺术，如没有宗教的性质，都不成其为艺术。但宗教如没有艺术上的美境，也不成其为宗教。佛经上的至理，足可说明它是一种艺术，一种精神界的艺术。所以，读书人应具有智慧与器识，他创造的作品，充满宗教气氛，才能传之后世；否则，会贻害千年。

这个觉悟自然是上来了。但是李叔同的脾气我们是知道的，凡事都得开风气之先，而且还得是选择最极致的做法。

李叔同当然从小佛缘就很深，读过很多佛经，但是他是把佛经当智慧书来读的。等他想明白这一层之后，就准备开始身体力行地做点事情了。

他的好友夏丏尊有一次从一本日文杂志上看到一篇断食治病（辟谷）的文章，就给李叔同看了。但是李叔同当真了，就想试试辟谷。他就去虎跑寺住了几天。

其实这种禅修、断食现在都很常见的，很多禅寺定期都有这方面的活动，一些居士甚至平常人想要静静心、清清肠胃都会去参加。夏丏尊也觉得没什么，李叔同最开始也没觉得有什么，无非就是练字、静坐、刻印章。辟谷也不是一口不吃，只不过比平时吃得少。

换作别人，参加禅修，基本就当去参加一个暑期训练营，但是李叔同凡事都追求刚猛、极致。他怎么会这么简单地参加禅修班呢？

李叔同回来之后，带回来两样东西。

第一样，是李叔同写了个断食日记，事无巨细地记录自己的作息时间、饮食情况、排便情况以及身体状况和心境的变化。

但是另外一样东西，夏丏尊一看，就觉得不太对劲。是李叔同在断食期间刻的两枚印章，一枚刻着"一息尚存"，一枚刻着"不食人间烟火"。

李叔同跟夏丏尊说："我记了日记，你闲时再看。那简直是精神界的开荒。这两颗印将来留给你！还有，日记看看再给我。"

从此之后，李叔同又把名字改了，叫李婴。这个名字出自《道德经》，意指回归婴儿状态，其实就是回归最本质的自我。

　　之后，李叔同就时不时地去虎跑寺，除了断食之外，还学静坐，后来过年都不回家，在虎跑寺过了。那个除夕，李叔同找到了自己的第六条非连续性曲线。大年初九那一天，寺里有一个人出家，李叔同目睹了整个过程，当时就下定决心，在第二天接受了老法师的剃度，真的做了和尚。他也有了新的名字，法名演音，字弘一。

　　之后，李叔同把夏丏尊和座前四大得意门生叫过来，把自己的一些物品分给了他们。最贵重的印章给了夏丏尊。

　　他把自己剩下的可以继承的家产全都留给了城子，自己身外无一物，只身入了佛门。

　　这个消息不胫而走，大艺术家李息霜竟然出家做了和尚，很快成为轰动全国的新闻。在李叔同的老家天津，《大公报》又被抢购一空，人们竞相传阅，议论纷纷："李家的三公子怎么就出家了呢，到底有啥想不开的？"

　　凡夫俗子是无法理解李叔同一生的追求的。每当他的事业到达顶端的时候，就会选择新的曲线，继续生长。对于一个艺术家，尤其是一个对自己严格要求、不停进化的艺术家来说，不成长毋宁死。海明威后来饮弹自尽，就是因为他觉得自己才华走到头了，不可能再有更高的造诣了。但是，李叔同没有遭遇这样的不连续困境，他用非连续的办法解决了这个问题，从此成为一代高僧，进入了哲学、宗教层面，把艺术的境界更拔高了一层。

　　李叔同的第一性原理，就是凡事都要做到极致，要给人做个表率。他在出家为僧之后的选择也自然是跟别人不一样。

　　汉传佛教，最大的两支从宋朝开始就主要是禅宗和净土宗。禅宗比较偏知识分子一点，净土宗比较平民一点。如果弘一法师仅仅是看破红尘出家为僧的话，应该选择比较适合他的认知水平的禅宗。

但是李叔同却选择了律宗。律宗和禅宗、净宗的修行法门不太一样，禅宗靠觉悟，净宗靠念佛号，律宗靠的是苦修，是佛门里面最苦的一种修行方式，戒律250条，一条都不能犯，犯了就不能得道。

用李叔同的话说就是：要出家，便不能庸庸俗俗，去做个庸僧，招摇撞骗，沽名钓誉，离经背道地污辱了佛门。他要做和尚，必须得一分一寸都是和尚。

他还发了个大誓愿："律学到今天一千年来，由于枯寂艰硬，而成为绝学，无人深究力行；于是佛门的德行败坏，戒律成为一张白纸，令人悲叹！如我不能誓愿深研律学，还待谁呢？佛菩萨啊，请加被我！我如破坏僧行，愿堕阿鼻地狱。"

1921年春，李叔同再进一步，要"刺血写经"，为一切"生命"忏悔，用他血写经文的利益为众生回向。

这才是李叔同该做的事情，他就是要做个表率，无论是给佛门还是给世人。如果他李叔同都能做好一个苦行僧，那今后就不要说什么不需要清规戒律，什么酒肉穿肠过佛祖心中留，都是自欺欺人。就让李叔同来给世人做个表率。

李叔同觉得古代的《四分律》可能因为时间久远，现代人看不太懂，而且也有一些不合时宜的地方，便花了4年时间，亲手写了一本全本114多页的《四分律比丘戒相表记》，把规矩重新梳理了一遍，然后严格奉行。

李叔同24年间在律学的研修与弘传上用了大部分的时间，他所留下的《弘一大师集》全10册，律学部类占了八分之七强。

后来，弘一法师真的就在律宗衰落了一千多年之后，成了一代律宗大师。他那本《四分律比丘戒相表记》也被收入中国《普慧版大藏经》。

1942 年 10 月 13 日晚，弘一法师圆寂，作为一个大书法家，他生前留下的最后一幅字是：悲欣交集。

这就是李叔同的一生。他的故事让我想起了歌德的一本小说《浮士德》，这本书不仅是欧洲的文学名著（相当于中国的《红楼梦》），也是公认的西方现代精神的缩影。那里面的浮士德也是这样，一辈子都在不停地折腾，寻找新的可能性，不断地否定自我，颠覆自我，并且重建自我。

他的一生也让我想起来《庄子·逍遥游》里的一句话：至人无己，神人无功，圣人无名。

什么意思？一个圆满的人是没有自我的，或者是无我的；一个超凡脱俗的世外高人，是顺应自然，不会去破坏规则的人；一个人格伟大，救苦救难的人，是不求别人记住他的。

当我们回看李叔同一生的非连续性曲线，他真的做到了从一个圆满的人，到一个神奇的人，一个有德之人，最终成为一个圣人。

这样的人生，我们作为普通人真的是只有羡慕嫉妒的份了，学是学不来的。

我们能学的，其实就是李叔同一辈子的做法，不停地寻找非连续性曲线，让自己成为一个日益精进的人，一个不断成长的人。

第六章
查理·芒格：扩展能力圈，突破思维边界

整个春节期间，我都在读查理·芒格的著作。查理·芒格自己没有写过书，他的著作基本都是别人整理而成的。关于查理·芒格的传记，最有名的是珍妮特·洛尔写的《查理·芒格传》。然而，查理·芒格最重要的一本书不是这本传记，而是大名鼎鼎的《穷查理宝典》。

这些年来，我一直想读《穷查理宝典》，却没有时间。因为这本书相当厚，洋洋洒洒几十万字，让人很有压力。而且很关键的是，这本书不是查理·芒格写的。作为一个投资大佬，他实在是太忙了，而且很有道德感，不愿意找人代笔。所以，别人只能收集他的言论，然后汇总成书。在《穷查理宝典》里，有查理·芒格讲课的资料，有新闻报道，还有采访过他的人写的回忆录，以及他的家人的回忆。最后，通过东拼西凑，整合成了一本书。

所以，《穷查理宝典》的内容五花八门，涉及面非常广，几乎无所不有，简直就是一锅东北乱炖。

我一直就觉得，《穷查理宝典》不就是一个幸运的成功人士写的心灵鸡汤嘛，有什么可看的？但是想知道梨子的味道，就必须得亲口尝一尝。

这个春节，我耐下性子把这本皇皇巨著读完了，深受启发。虽然这本书没有系统的观点，也没有系统的逻辑，但是书中每一个细节都散发着智慧的光芒，被广受追捧也就是自然而然的事情了。

我发现，当你把《穷查理宝典》和《查理·芒格传》配合起来看，既有细节又有思想，能够从中发现很多有意思的东西，耐人寻味。

想了解一个人的思想，必须先得了解他的经历。要解读查理·芒格的心法，还要从他的人生轨迹说起。

伟大的人物终会相遇

查理·芒格出生于 1924 年，现在已经 90 多岁了。他是著名投资人沃伦·巴菲特的合伙人，他们联合创立的公司叫作伯克希尔·哈撒韦，是全球 20 强企业。这家公司保持了一个神奇的记录——股价全球最高，每 1 股股票价值 180 多万人民币。这家公司还创造了一个奇迹，回报率非常高，成立几十年以来，年复合回报率能达到 16%。所以，这么算下来，只要你拥有伯克希尔·哈撒韦的股票，基本上用不了几年资产就可以翻一番，这可比买什么理财产品都划算，真的称得上是躺着赚钱。作为这家公司的创始人，巴菲特被人们尊奉为股神，很多人都把他当作神一样来崇拜。其实，巴菲特也有他崇拜的人，这个人就是他的黄金搭档查理·芒格。

那么，查理·芒格作为伯克希尔·哈撒韦的合伙人，他的价值体现在哪里？他有什么过人之处？查理·芒格的价值在于，他是巴菲特的智囊，为股神出谋划策。这种人自然不是等闲之辈。

人人都爱听故事，投资界尤其重视故事。故事中往往最能够体现一个人的风格和特点。但是，查理·芒格的故事很不好讲。作为一个投资人，作为一名幕后智囊，他主要的工作是判断一家公司的投资价值，然后想办法筹集资金投资，让资本增值，不断地赚钱。这样的人隐藏在幕后，主要负责判断，很少抛头露面，他的故事就不会很精彩，更不会有什么波澜起伏的情节。所以，我准备简单介绍一下查理·芒格的生平，从中提炼出一些心法，然后通过一些细节来理解他的智慧。

查理·芒格和巴菲特是老乡，他们都出生在小城市奥马哈市。查理·芒格的家族是一个司法世家，他的爷爷是联邦法官，他的父亲是律师。在家庭的影响下，查理·芒格第一份工作就是律师，他和几个朋友合伙开了一家律师事务所，算是子承父业。

如果没有巴菲特，查理·芒格也许要当一辈子的律师。然而，伟大的人物终究会相遇。

查理·芒格出生几年之后，美国遭遇经济大萧条。美国人都受到了影响，查理家的经济状况也不太好，所以他也要出去打工，补贴家用。他最开始打工的地方就是巴菲特父亲开的高档杂货铺，距离查理家大概有六个街区。那个时候，查理特别辛苦，每天工作 12 个小时，可以赚 2 美分。后来，查理家的经济状况有所好转，他就又回去上学了，一直读到大学。

在大学期间，美国参加第二次世界大战，查理·芒格就报名参军了。他在大学里本来是学数学的，后来又学了物理学，参军之后，他被送去学气象学——通过研究天气变化来预测天气，为美国空军提供气象预警，以保障飞行安全。

在这段时间，查理·芒格和女朋友结婚了。很快，第二次世界大战结束了，他也成为了一名复员军人。因为查理是一名高学历、有技能的军人，所以按照当时美国军人复员安置法案，他进入了哈佛大学法学院继续深造，准备毕业以后当律师。在这段时间里，查理因为和妻子感情不和，两个人离婚了。三年之后，查理再婚了。这就导致了他有八个子女要抚养。为了养活一家人，查理兢兢业业地做着律师的工作。

在遇到巴菲特之前，查理·芒格的人生经历就是如此，没有什么波澜起伏。

后来，因为职业的缘故，查理·芒格经常帮人处理一些案子。很多客户见他能力、人品俱佳，便让他参与一些项目。长此以往，查理·芒格弄明白了很多事情。后来，他就跟着客户一起做生意，相当于是做律师之外的兼职。

有一次，有一个做房地产的朋友，为了处理法律纠纷，就拉着查理一起做事。两个人一边设计房子，一边盖房子，查理赚到了人生的第一桶金——100万美元。在20世纪60年代的美国，100万美元是一笔巨款。

如果这个故事再继续发展下去，查理·芒格很可能会成为一名成功的地产商人。然而，就在那个时候，他和巴菲特相遇了。那一年，查理·芒格35岁，巴菲特29岁。

当时的巴菲特雄心勃勃，想要干一番大事业。他和查理·芒格一见如故，便想和查理·芒格合伙创业。一开始，查理并没有答应，两个人只是书信往来。结果，两个人越聊（写）越投机，写来写去，就成了合伙人。

后来，两个人强强联合，打造了投资界的奇迹——伯克希尔·哈撒韦公司。

人人皆在愚人船中

一般来说，好的故事往往是起承转合、大起大落、引人入胜，然而查理·芒格是一个按部就班地经营自己的人，他的故事平淡无奇，没有什么亮点。他的伟大之处在于心法，而不是故事。《穷查理宝典》就回答了一个困扰我很多年的问题，这个问题是一个经典问题：愚人船。

传说中有一条船，控制系统都在船舱里，但是船舱是密闭的，而且不能开灯。假设将一个人关在船舱里，里面一团漆黑，他只能通过逐步摸索来学习操纵船只。甲板上还有一群人，他们不仅熟悉船只操作，而且看得见外面的情况，但是他们无法进入船舱。遇到礁石的时候，他们就只能站在甲板上拼命呐喊："前面有礁石，赶紧绕开，要不然就触礁了。"可是，船舱里的人听不到甲板上的人在说什么，学习开船就让他手忙脚乱了，即使前面有危险，他也只能胡乱摸索着往前开。如果他足够幸运，便能避开礁石；如果他运气不好，很可能整船人都要遭殃。

愚人船只是一个比喻，并不是真的存在。然而，转念一想，其实我们就生活在一艘愚人船中。现在的你和我，经历了很多事情，对世界有了一定的认知，就是站在甲板上的人；而10年前的你和我，觉得一切都是新鲜的，只能通过试错来学习，就是那个在船舱里的驾驶员。假如能够穿越回到10年前，我一定会告诉10年前的自己，不要把心思都用在考试上，想办法换个好专业；在不久的将来，会出现一个叫微信的东西，你要多积攒文章，争取成为第一批公众号大号；然后告诉父母，不要买股票，把所有的钱都用来投资房地产。

但是，这种假设永远不会出现，面对未知的世界和未来，我们依然生活在愚人船里，没有人告诉我们正确的道路和方法。

如今，人人都向往成功。那么，什么是成功人士？有一个经济学家的观点是："在我看来，就是100个人站成一排穿越一片雷雨交加的原始森林，最终，有99个人要么被雷劈死了，要么摔死了，要么被野兽毒蛇害死了，只有1个人碰巧成功了，这个人就是今天的成功人士。其实，所谓成功，99%是运气，只有1%可能是判断力。"我一直都觉得这个经济学家说的是对的，直到我看完了《穷查理宝典》之后，我才发现这个想法可能还是有点问题。愚人船问题未必没有答案，我们也未必要指望10年之后的自己给现在的自己写一张纸条，告诉我们应该怎么做。其实，现实生活中就有一些方法，能够为我们提供解决方案。

查理·芒格从事过两种职业——天气预报员和投资人，愚人船问题是他第一个要解决的问题。如果解决不了这个问题，就很难胜任工作。

暂且以投资人为例说明吧。投资人不是在一线从事生产劳动的人，也不是创业者和企业家，他要做的事情只有一件，就是找到好的项目，然后讨价还价，拿到合适的条件，最终让项目不断增值。

投资是一项高回报、高风险的职业。普通人如果犯错，无非就是难过几天，平复心情后继续生活。而投资人一旦决策失误，往往会倾家荡产。2008年金融危机的时候，华尔街自杀的投资人不少。

投资人每天具体的工作是什么？项目虽然多，看起来前景大好，但充满了陷阱，危机重重。对于投资项目，不同的投资人有不同的做法，但是绝大部分投资人都会这么做：把资本分成100份，投资到100个项目中去。只要有5个项目能够成功，那么其他95个项目失败了也没有关系。他们这么做是有道理的，这是一个概率学的问题。一般来说，风险投资往往只有5%的项目是靠谱的，既然不知道具体是哪一个，干脆都投资好了，总有几个能赚钱。

还有一部分投资人的做法就比较高明。比如巴菲特的老师、华尔街教父格雷厄姆，他的投资方法就很简单：计算哪支股票将来有上涨空间，然后低价买入、高价卖出。说起来容易，但是做起来难，一般人很难操纵自如，只有大师才能驾轻就熟。

查理·芒格和巴菲特的投资方法自成一派，和其他人不一样。他们投资的项目很少，而且只投资顶级优质项目——蓝筹股，看准了就大手笔砸钱，争取控股这家公司，然后长期持有，绝不轻易抛售。等到 10 年甚至更长的时间之后，有了巨额的回报，再考虑是否出售。如果没有好的项目，他们宁可在家待着看书，或者出去钓鱼。

巴菲特提出过"20 个打孔位"的概念。他说："一个投资者要有一个规划一生投资的卡片图，上面正好留有 20 个打孔位。每做一次投资，就打一个孔，孔打完了，一生的投资也完成了。"意思就是说，人的一生只有 20 次真正的投资机会，用一次就少一次，所以每次投资你必须全力以赴，搏上一切。这个说法有一定的道理。假设我们从 25 岁算起，两年出现一次机会的话，那么在 65 岁之前我们就刚好拥有 20 次机会。

那么，如何判断机会呢？查理·芒格有自己的一套解释。他认为，投资的要义就要寻找那些定错价的投资。什么是定错价？比如说，有一家公司 10 年之内能赚 1 亿，但是眼下的股票加起来才值几千万，这种公司就值得投资。

在漫长的投资生涯中，他投资的公司都是定错价的公司，最终获得了丰厚的回报。查理·芒格的这项技能，经过实践的锤炼，愈发炉火纯青，达到了神奇的地步。他能够准确地判断一家公司的价值，几乎从不失手。

查理·芒格是个厚道人。一般来说，在谈投资的时候，一般的投资人都会压价，但是查理会主动加钱，这实在有点罕见。

查理·芒格投资过一家公司，一名公司合伙人当时急需 20 万美元，和查理·芒格谈判的时候，他就直接提出了这个要求。芒格摇了摇头，告诉他："你再想想，20 万这个数字好像不太合适。"合伙人当时脸憋得通红，觉得查理·芒格能给 10 万美元就不错了，没想到查理·芒格说："其实，你的股份价值 30 万美元，你是个聪明人，一定能明白我在说什么。"于是，这个合伙人顺利拿到了 30 万美元，出售了这家公司的股份。

由此可见，查理·芒格不但厚道，而且对自己的眼光非常有自信。

当然，有人会想，投资和我有什么关系？我又不买股票，更不会关心股价。其实，普通人在面对人生选择的时候，也可以学习查理·芒格的这套办法。

比如，你现在要找工作，有 3 份 offer（录用通知）到手了，3 个工作机会看上去都不错，各有各的好处，那么你应该去哪一家公司上班呢？我们总不能像那第一种投资人那样，每一份工作都试试吧。我们没有办法分身，我们的时间也有限，只能选择一份工作。

那么，如何做出正确以及好的选择？学习一下查理·芒格的心法，它可以指导你的人生！

秘密武器：思维模型

查理·芒格如何精准地判断一家公司的投资价值？查理·芒格手里有秘密武器，简单却超级厉害。他擅长从书籍中提炼出思维模型，用于指导投资。

查理·芒格认为，人类各个学科都有一些规律和定理，这些知识属于底层逻辑的范畴。他运用这些底层逻辑知识来分析其他学科的知识，从中提炼思维模型，最终应用到生活中。这些思维模型可以为你提供一些看待问题的不同维度、多种思考的方法，提供一些解决问题的套路。一旦掌握并熟练运用这些思维模型，你就能够无往而不利。

比如说，查理·芒格看过一本书《达尔文的盲点》，讲的是进化论方面的知识。他发现要投资一家靠谱的企业，要选择合作机制好的，这样的企业才能存活下来，也就是符合进化论的规律。

上大学的时候，查理·芒格主修的是热力学。他便经常利用热力学的知识来反推经济学。比如，报纸从热力学的角度来看，其实就是纸张加石油。为什么是石油呢？因为印刷报纸的油墨，原料是从石油里面提炼出来的。所以，芒格就根据一些规律和定理反复推导，认为报纸这个行业还是靠谱的，符合热力学的定律。

查理·芒格还看过一本书，书名叫作《自私的基因》。这本书说，在生存竞争中消灭了对手的物种，一般来说存活寿命比较长。他就根据这个定理推导出一个结论，一定要投资那些正在消灭对手或者已经消灭了对手的企业，这样不但利润高，而且可以长久获利。

在上面三种因素的影响下，查理·芒格收购了一家报纸《布法罗晚报》，花了3300万美元。当时，投资界都觉得这是一笔疯狂的投资。因为这家报纸背后有一个非常难缠的工会，会直接影响企业效率。而且，《布法罗晚报》在当地并非一家独大，还有好几家竞争对手。但是，芒格胸有成竹。他用思维模型仔细推导过，认准了《布法罗晚报》会消灭掉它的竞争对手。

果然，被收购之后，《布法罗晚报》前四年一直亏损，但在第五年的时候，终于消灭了其他竞争对手。一时间，所有的广告资源全部都涌了过来，想不赚钱都难。当年，《布法罗晚报》就有了1500万美元的利润。从此以后，只需要等着收分红就行了。

类似这样的案例，在《穷查理宝典》里还有很多。按照他的说法，一个普通人一辈子能掌握八九个自己提炼出来的思维模型，就足以成为一个拥有普世智慧的人。那么，查理·芒格建立了多少个思维模型呢？大概八九十个，而且这些模型还在持续地更新、迭代。

查理·芒格的厉害之处，不仅仅是这些思维模型。他还提过一个概念：罗拉帕拉佐效应。指的是事物之间会相互强化，并放大彼此的能量，最终产生指数级增长的效果。也就是说，这时候，1加1不再等于2了，1和1之间会产生爆炸式的反应，1加1有可能会等于100。这个概念来自于物理学里的核聚变。当一定的质量集中到一起，达到了一个临界质量的时候，就会产生核爆炸，释放出来的力量可不只是原来的那些能量了。

所以，当你完全掌握了一些思维模型之后，综合应用它们，灵活变通，它们之间的组合会迸发出奇妙而又极其强大的能量。

打造思维模型的两大法宝

那么，如何建造并掌握尽可能多的思维模型？查理·芒格有两个法宝。

查理·芒格的第一个法宝，就是不断突破自己的能力边界，从而拓展能力圈。这样才能让自己变得越来越强大，思维模型的威力也越来越强大。

能力圈这个概念，是查理·芒格提出的，也就是一个人的能力边界。芒格认为，一个人的能力总是有限的，但是我们可以通过犯错、学习等方式来突破能力边界，扩大自己的能力圈。

为了解释能力圈，查理·芒格经常说起一个段子。

得了诺贝尔物理学奖之后，普朗克每天忙于出席各种活动，或演讲，或授课。时间一长，连他的司机都听得滚瓜烂熟。有一天，见普朗克疲累不堪，就请求说："教授，你讲课的内容我经常听，都能背下来了。要不这次我来替你讲，你休息休息，行吗？"

普朗克一听，马上就答应了。

结果，司机登台后，对着一群物理学家，洋洋洒洒，滔滔不绝，和普朗克讲得几乎一模一样，活动效果也非常好。

但是，讲完了之后，一个教授举手提问，问了一个非常专业的问题。

司机一听，傻眼了，但是他脑子转得很快，笑了笑说："你这个问题实在是太简单了，连我的司机都能回答。还是让我的司机来回答你的问题吧。"

说完，他指向了坐在台下的普朗克。

讲了这个故事后，查理·芒格说：知识有两种，一种是知识，另一种是表演。很多人并没有掌握什么知识，而是像普朗克的司机一样，只是学会了表演。但是这种表演，对当事人并没有任何帮助。

查理·芒格这个段子说明了一个道理，就是真正的能力不是你觉得懂了就真的懂了，你以为你知道了，甚至能复述，却不一定真的是你的能力。你其实就是那个司机，是个假冒伪劣产品。真正的能力圈，是从错误中不断提炼、总结出来的。就像篮球之神乔丹，他之所以伟大，是因为失误比较少，而不是因为他某一次投出了一个非常精妙绝伦的投篮。

查理·芒格喜欢读书，他喜欢读名人传记。他觉得，读传记是跟那些已经去世的伟人交朋友。除此之外，他还读很多行业发展史，他对很多行业的发展历程如数家珍。

传记主要的作用在于提供案例和解法。我们学会了一个数学公式后，背得滚瓜烂熟其实也什么用，必须要在实践中反复运用，最终才能运用自如。传记的作用就在于此。查理·芒格一边读传记，一边从中提炼心法，其中既有成功心法，也有失败心法——他提炼出来了很多特别有意思的失败心法，他特别擅长总结企业或者行业做傻事、做错事的原因。

在一次慈善圆桌会议上，查理·芒格提出了一个捞黑金的问题，他认为这是大股灾的前兆。果然，2008年次贷危机就爆发了。

捞黑金是哈佛的一名经济学教授提出来的一个现象，简单来说就是贪污。这位经济学教授认为，贪污最开始是有助于繁荣的。乍一看，所有人都觉得赚了钱，买方和卖方都赚钱了，但是贪污的那部分钱本身并不产生经济效益。所以，一旦贪污的真相被曝光，就会出现大规模的报复性下跌。

查理·芒格就这样不断地总结，把人类犯的错都提炼成了规律，用来考量自己的投资项目是否靠谱。其实，他一生都在总结错误还有一个更宏大的目的，就是通过总结这一件接一件的傻事，不断地明确自己的能力圈，最终拓展能力圈。我们总结出来的犯错的规律越多，我们找到并突破能力圈的边界的可能性也就越大。

所以，能力圈也就成为了查理·芒格投资时的判断标准。

查理·芒格把所有的项目分成三类：可以投资、不能投资、不好理解的投资。比如说，虽然科技股很容易赚钱，爆发力也强，但他觉得科技股就属于不好理解的投资，在自己的能力圈之外，所以他绝不投资科技股。他能理解的公司，基本上就是老干妈之类的公司，每年的销量、成本都是固定的，市场也很稳定，这种就属于可以投资的项目。不能投资的项目就是那些变数太大、前景不明朗、盈利模式不清晰的项目。

投资市场瞬息万变，风险极大，能力圈可以制造出安全边界，只要不越过这个边界，投资人就没有灭顶之灾，也就敢押上自己的一切。查理·芒格说过，投资想的应该是怎样先避免不做什么，然后再决定自己接下来可以做什么。

能力圈，对于查理·芒格来说，意味着两层意思：第一，你要明白自己的能力边界，知道该做什么、不该做什么，这样才能在投资时立于不败之地；第二，你应该通过学习、犯错等方式，不断突破、扩大自己的能力圈，从而增加自己的掌控范围，提升思维模型的威力——这个也很好理解。发力空间越大，打出去的拳头就越有力量。

查理·芒格的第二个法宝，是把自己培养成为一个终生学习者。他自己就是一个真正的终生学习者。

说到终生学习，就不得不提《穷查理宝典》这本书。这本书的书名乍一看很奇怪，觉得很难理解，和穷有什么关系？

查理·芒格有一段时间确实很穷。1953年，他离婚之后，孩子又生病了。最后，孩子没有保住，他也倾家荡产，生活非常窘迫。这是第一个原因。

另外一个原因是，《穷查理宝典》是查理·芒格在向他的偶像——美国开国元老本杰明·富兰克林致敬。富兰克林写过一本书叫《穷理查历书》，记录的是富兰克林实用主义的浓缩式总结。而《穷查理宝典》则是查理·芒格的言论汇总，从这个角度来看，《穷查理宝典》十分贴切。

富兰克林身上有很多闪光点，都被查理·芒格学到了，其中最重要的两点，一个就是做一个本本分分的生意人赚钱，改变生活，做公益，做慈善。第二点就是保持自己旺盛的好奇心，做一个终生学习者。

所以，查理·芒格这个人他书不离手，报纸也不离手，每天都在看东西学东西。而且他一生大大小小的各个学科基本上都有所涉及，他从读到的书中总结一些规律，纳入自己的知识体系。

查理·芒格喜欢看书，这一点美国投资界无人不知。在华尔街流传着这么一个故事。有一个人和查理·芒格约在早晨7点半见面，一起吃早餐。

第一次约见，这个人准时到了，结果发现查理·芒格已经到了，正坐在那里看报纸。于是第二天约7点半的时候，他不忍心让一个德高望重的老人坐在那等自己，他就提前15分钟到，发现查理·芒格还是坐在那儿看报纸，姿势跟前一天一样。

第三次约会的时候，他又把时间提前了，这回提前了半个小时。他惊奇地发现，查理·芒格还是坐在原来的位置上，以原来的姿势在看报纸。

第四次的时候，这个哥们下定了决心，一定要看看查理·芒格是几点来的，于是他提前了一个小时到。15分钟之后，查理·芒格慢悠悠地走进来了，手里还是拿着一叠报纸，然后就好像没看见他一样，继续坐在那里看报纸。

所以，查理·芒格基本上是书或者报纸不离手，每天都在学习。他基本上各个学科都有涉猎，喜欢从书中总结一些规律，然后记录下来。

而且，他还有一个非常好的习惯，看见一篇文章觉得特别有启发的时候，随手就掏出一张支票来，写上一笔钱，然后就给人寄过去，相当于今天的打赏。

查理·芒格喜欢总结和提炼清单。清单是人类社会的一个伟大发明，是人类进步的一个非常重要的里程碑。查理·芒格读了阿图·葛文德写的《清单革命》之后，大加赞赏，当时马上掏出支票本，写了两万美元给作者寄过去了。

查理·芒格就是这样一种人。其实，像他这种人在美国还有很多，尤其是顶级的精英人士，基本上每天都在做这样的事情。不管他是从事什么职业的，每天必须保证自己能够获取新知识。这是查理·芒格的一种人生态度——不断丰富自己，让今日之我变得更强大，务必要强过昨日之我。

在《穷查理宝典》里，查理·芒格经常举一个例子：有一个乡下人，他只对一个问题感兴趣：我会在什么地方去世？如果知道这个地方，我一生都绕开它，就可以不死了。

虽然这个人的逻辑听起来很荒唐，但是仔细想想，还是有一定道理的。如果我们不知道什么是对的，那至少我们可以知道什么是错的，只要不做错就可以了。

就像我在前面描述的那个场景，100个人在森林里奔跑，99个人死了，只有1个人幸存。如果你知道那99个人是怎么死的、死在哪里，就可以大大提高自己的生存概率。同样的道理，随着犯错边界不断清晰，我们也可以越来越明确自己的能力圈。这是查理·芒格对我非常有启发的心法。他把这种思考方式叫作逆向思考——从结果反推，经常能得出一些神奇的结论。

查理·芒格在做生意的时候，就经常这么逆向思考。他的第一桶金，就是通过这种方法得到的。

当时，查理·芒格和朋友一起投资房地产。那段时间正是美国房地产最萧条的时候，而且他们开发的土地有着很大的问题——只有35年产权。一般来说，美国人的房子都是永久产权，他们不太愿意购买短期产权的房子。但是，查理·芒格的逻辑跟一般人不一样。在他看来，房子只要有人买就行，和产权多久没有关系。

查理·芒格发现了一个规律：没必要盖高于一层的房子，因为附近卖得最好的房子是底层商铺。做生意的人最在意的是成本和收益，如果能够在35年内回本，他们就会觉得这笔投资还是值得的。而且，他们这块地处于黄金地段，离市中心很近，所以政府只愿意签35年的租约，想以后再涨地价。

于是，查理·芒格在开发房子的时候，全部建成一层的商铺。结果，销售非常火爆，一开盘就被抢光了。接下来，他和朋友接着又做了几个项目，很快也销售一空。查理·芒格从中赚到了人生的第一桶金。

这就是一个逆向推导的过程。查理·芒格考虑的是二层以上的房子没必要盖，他就不盖二层以上的楼层，只盖一层，于是他就赚到了钱。这就是逆向思维的神奇所在。

其实，查理·芒格的思维方式，就是一个典型的理工科思维方式。他的知识和能力，也是用这种方法积累出来的。

就像查理·芒格说的，如果你没有破坏一个你最爱的观念，那么这一年你就虚度了。其实，他的人生哲学里面背后就是这一层逻辑。他鼓励大家读书，不是希望大家通过读书掌握宇宙真理，而是希望大家能够不断地推翻自我，做一个终生学习者，只要能保证自己每天睡觉之前，比早晨起床的时候稍微聪明那么一点点，其实就足够了，也只有这样，我们才能有一个靠谱的手段，不断积累自己的认知能力，让自己变成一个更聪明的人，一个更强大的人。这样的人生，其实也是一种值得过的人生。

四 复杂时代的明白人

第七章
曾纪泽：谈判其实很简单

　　我在台湾读书的时候，张广达先生非常推崇一个人，经常在上课的时候提及。这个人就是曾纪泽。对于很多人来说，这个名字有点陌生。但提到他的父亲，估计不知道的不多。曾纪泽是晚清名臣曾国藩之子。

　　在中国近代史上，曾纪泽并不是很有名，但是他在中国历史上留下的背影却非常华丽。曾纪泽一生没有留下多少著述，他的大部分著作还在一场大火中被烧掉了，只剩下半本地理学的书，后人只能根据他的奏折和书信复原了几本文集和诗集。那么，作为一名历史学家，张广达先生为什么如此喜爱曾纪泽？因为曾纪泽给曾国藩的一生画上了一个圆满的句号。

　　曾国藩的主要功绩是镇压太平天国和开办洋务运动，对后世的政治、军事、文化、经济等方面产生了重大影响。然而，曾国藩一生有一个重大遗憾，就是外交不利，以至于被其他官员斥为丧权辱国。

　　然而，就连政敌都不得不佩服,曾纪泽实在是个了不起的外交人才，真不愧是曾国藩的儿子！正所谓虎父无犬子，曾纪泽弥补了曾国藩的遗憾。

历史学家萧一山就曾经表示，曾纪泽是我国当时最了解国际形势的外交家。对使俄换约"不矜不伐，操心虑患"的态度，真不愧为曾文正公之子。

连曾纪泽在沙俄谈判的对手格尔斯外长都说："我办外国事件42年，所见人才甚多，今天和你共事，才知道中国也不是没有人才。以你的才智，不仅在中国很出众，在欧洲都罕见。"

曾纪泽在欧洲做了8年的外交官，他辞职的时候英国外交大臣设宴送别，英国贵族写长信告别。他到德国的时候，德国皇帝生病了，派皇太子和俾斯麦一起来接见。可见他的声望有多高。

那么，曾纪泽到底留给历史一个什么样的背影呢？

很多人都不喜欢中国近现代史，尤其是晚清的历史，因为太腐朽黑暗，中国经常被外国欺压，中英鸦片战争、火烧圆明园、八国联军进京等等，那些丧权辱国的条约就更不用说了。

但是在晚清历史上，却有三件不那么憋屈的事，让人听了觉得扬眉吐气。

第一件。我们都知道鸦片战争的时候林则徐虎门销烟，后来中国被英国人打败了，被迫允许鸦片贸易合法化，从此鸦片开始在中国横行。晚清最后十几年的时候，国家开始对鸦片征收高额关税，用这个办法抵制了鸦片的泛滥。这件事就是曾纪泽一手操办的，那时候他是清朝驻英国公使。

第二件。晚清时，杀人最多的是日本人，教案最多的是法国人，侵略战争最多的是英国人，而割地最多的是沙俄人。沙皇俄国在整个19世纪堪称横行霸道，在欧洲瓜分了波兰，在中亚和奥斯曼土耳其抢地盘，一路打过高加索山，在中亚消灭了浩罕国。在第二次鸦片战争的时候趁火打劫，抢了中国东北、西北很多土地。然而，有一次，他们居然把抢到嘴里的肉还给了中国——这就是著名的《中俄新约》。《中俄新约》号称是中国历史上第一次不流血的外交胜利。谈下《中俄新约》的，正是清朝驻俄国公使曾纪泽。

第三件。晚清政府也不是每次战争都失利，最终赔款割地。中法战争时，中国在越南一度取得大胜，把法国人打回了越南南部。这样的事在晚清也算是孤例。中法战争的时候，曾纪泽是清朝驻法国公使。他也是很多重要事件的直接促成者。

当然了，还有一些小事。网上都说，拿破仑说过一句话："中国是一头沉睡的雄狮，一旦被惊醒，世界会为之震动。"其实，拿破仑没有说过这句话。这句话来自于曾纪泽，出自他在一个德国杂志上用英文发表的一篇文章：《中国先睡后醒论》，人们根据他的这个标题，后来杜撰了一句话，安排给了拿破仑。

可见，晚清漆黑的时代中唯一的一点光明，都和曾纪泽有关，他是那个在台上唱主角的人。

谈判高手的诞生

谈判在我们生活中无处不在，大到几千万的大单，小到和小商贩砍价，都需要谈判能力。从曾纪泽这个外交家身上，我们能学到的最直接的东西就是谈判能力。

曾纪泽的人生比较短暂，只活了 51 年。他的一生基本上可以分成两个阶段：

第一个阶段是在曾国藩时代，他跟着父亲走南闯北，结识了不少外国人和知识分子。

第二个阶段就是曾国藩去世之后，他承袭父亲爵位。光绪四年开始，曾纪泽出使英法，后来又出使沙俄，在欧洲前后一共待了 8 年，这也是他人生最华彩的 8 年。回国后，曾纪泽出任海军衙门的帮办大臣、总理衙门大臣，其实还是负责外交。

我们先看第一个阶段。

曾纪泽，字劼刚，1839 年出生在湖南湘乡，是曾国藩的次子，只不过曾国藩的大儿子早逝，曾纪泽就相当于是长子。

曾纪泽出生的时候，曾国藩还没有崭露头角，只是个翰林院庶吉士，相当于皇帝的顾问。

曾国藩有个特点，就是笨拙，相关的段子很多。曾纪泽也是这样，记性不好，10 岁才会作诗，20 岁没有任何功名。好在后来曾国藩功成名就，曾纪泽作为长子，可以承袭爵位，贵族不考科举也不要紧。

另一方面，不走科举的路，反倒成全了曾纪泽。他虽然记性不行，但是悟性很好。他读了很多经世致用的书，一边跟着曾国藩走南闯北，一边帮着出主意。曾国藩身边牛人如云，有数学家李善兰、第一个留学生容闳、常胜军的英国人戈登，还有很多传教士为他出谋划策，对付太平天国。所以，曾纪泽耳濡目染，也学到了很多知识，长了很多见识。

曾纪泽 25 岁那一年，南京被攻陷，太平天国被彻底镇压下去了。曾国藩因此位极人臣，被赐封一等毅勇侯。曾纪泽作为长子，就可以子承父业，从此之后再也没人逼着他读八股文了。

紧接着，洋务运动开始了，曾国藩、李鸿章、左宗棠到处开工厂，采买国外设备，师夷长技以制夷。曾纪泽也跟着四处游历，一边看书，一边带着人翻译东西。当时，洋务派在北京开设了同文馆，在上海开设了广方言馆，李鸿章开办了江南制造总局翻译馆，曾纪泽看过里面大量的藏书。这算是作为一个外交官基本的素养积累。

1872 年，曾纪泽 33 岁，一代名臣曾国藩病逝，他正式接班，成为第二代一等毅勇侯。

像曾纪泽这种身份又没有科举功名的贵族，最合适的出路就是去欧洲、美国做外交官。他还不到 40 岁，将来对西方有了了解之后，也可以回国好好做一番事业。

然而，在曾纪泽开始登上历史舞台的时候，中国的外交还是一片空白。

中国历史上一直没有现代意义上的外交机构，只有理藩院和礼部负责对外事务。然而，理藩院和礼部主要负责的是藩属国的朝贡事宜。设立专门的外交机构，已经迫在眉睫。1861 年 1 月，清政府设立了总理各国事务衙门，这算是有了现代外交。

在这种形势下，中国土生土长的第一批公使也随之诞生了。在这之前，中国的公使都是外国人，比如美国人蒲安臣、英国人李泰国，这叫以夷制夷。到曾纪泽登上历史舞台的时候，已经有了第一批公使郭嵩焘、李凤苞，也都开始有一定小成就了。

曾纪泽是在这样的大环境下，踏上了外交之路的。

当时，曾纪泽也觉得人们嫌弃他没有科举功名，认为他是靠着曾国藩上位，所以他憋着一口气，想在欧洲立下大功。

当时中亚有个小国叫浩罕，被沙俄灭了，将领阿古柏流落到新疆一带，便把新疆给占领了。清政府派左宗棠前去讨伐。左宗棠用了两年时间收回了失地。在这段时间里，沙俄趁机出兵占领了北疆的伊犁。

当时，中国正在和沙俄商议西北的伊犁交割问题。曾纪泽反复请缨，但是被当时的总理衙门给压下来了。理由有两个。

第一，曾纪泽太西化，他们觉得曾纪泽容易犯糊涂。

曾纪泽有个终身挚友马格里，是个英国人，原来是被曾国藩请过来在欧洲采买设备的。马格里四处采购的时候，曾纪泽就一路相随。后来，马格里用西药治好了曾纪泽母亲的病，曾纪泽对西方的科学技术佩服得五体投地，从此整个人就换了一个风格，家里的摆设全部换成了欧式风格，寒暑表、千里镜、手表等西方物件也应有尽有，自己生病了也只吃西药，很少吃中药。

曾纪泽还多了一个爱好，就是每天早晨起来用显微镜看微生物。平时，他还喜欢拍照片。

当时很多人都觉得，曾纪泽这个人太西化了，完全是个黄皮白心的香蕉人。让他去沙俄谈判，肯定会丧权辱国。

第二，曾纪泽没有经验，需要历练。

对于外交人员来说，经验和阅历非常重要。然而，曾纪泽当时没有什么谈判经验。最后，恭亲王选择了一个老成持重的老外交家崇厚，让他代表清政府去谈判。

这个崇厚可真不是一般人。他当时已经做到直隶总督的位置了。他也不是那种保守的顽固派。曾国藩处理天津教案的时候，曾纪泽还是个孩子，崇厚已经在欧洲游历了。10 年之前，崇厚就和荷兰签过约，后来还在天津开了一家机器制造局。

因为和沙俄这次谈判实在是太重要了，恭亲王还是不放心，最后给了崇厚无限大的权力——全权大臣、加内大臣衔，等于是凡事都可以做主。这是当时中国外交官里面的最高规格了，清廷对这次谈判也算是足够重视了。

对于这个选择，曾纪泽虽然郁闷，但是也无可奈何，只能先去英国做大使去了。

1878 年，曾纪泽带着一肚子气去了英国做公使。他正月初四到伦敦，二月二十八觐见维多利亚女王。

崇厚也到了圣彼得堡，开始跟沙皇的外交大臣谈判。半年之后，崇厚带回来一个无比神奇的条约回来——《里瓦几亚条约》。

本来沙俄就想趁机拿伊犁勒索点钱，要点驻军费，但是谁也没想到，崇厚带回来的条约却是：

一、不仅要给驻军费500万卢布，而且沙俄只还回一座空城，西部和南部很多内地通往伊犁的要塞都被割让了。

二、沙俄人在西北经商可以免税。

三、沙俄在从新疆到西安一路上的要塞都可以派驻人员，其实就是打探内地地形的特务。

这等于中国人花了笔冤枉钱，买回来一座空城，而且还顺带出让了内地经商权。

更可气的是，崇厚还顺带着签了好几个补充条约——《中俄瑗珲条约》《中俄陆路通商章程》，把很多跟伊犁没有关系的利益也让给俄国了。

这就意味着，左宗棠平定西北浴血奋战换来的战果付之东流了。而且，左宗棠当时有很多全盘的规划，比如说在天山南北路丈量田亩，修建了很多水利工程，准备在当地开展屯田工程。结果被崇厚这么一弄，这些前期工作就会毁于一旦。

总而言之，这次谈判是绝对的外交失利，说是丧权辱国也不为过。

《里瓦几亚合约》拿回来之后，举国哗然。

慈禧太后听说之后，怒不可遏，想马上处死崇厚，被恭亲王劝住了，就定了个斩监候，相当于死缓。

大臣也马上分成了两派，七嘴八舌吵成一团。

一派是主战派。那些士大夫蜂拥而上，嚷嚷着一定不能签字，这种卖国条约是不能签的，宁可玉碎，不能妥协。

在那些士大夫眼里，沙俄当时有内乱，在西线又与土耳其、英国在纠缠。所以，沙皇肯定没心思和中国打仗，所以不如趁着这时候趁火打劫。确实，就在曾纪泽的方案一年后定案，换约签约之后的两个月，沙皇亚历山大二世就被刺杀了。

但是曾纪泽不这么看。当时的人们都不了解沙俄——因为内乱，所以沙皇最盼望的就是转移国内百姓的视线。如果清朝和他们硬碰硬，等于给了沙皇一个机会，也能够让俄国上下一心。沙俄土耳其军部的高福满将军（准确翻译叫考夫曼）本来就是个主战派，但一直被压制，归还伊犁他都反对，现在如果发生战争，刚好正中他下怀。一旦沙皇和主战派团结起来，清朝肯定要吃大亏。

所以，打仗是绝对不行的。

另一派是主和派。然而，当时最有谈判能力的李鸿章正在琉球和日本人谈判。他认为，这时候不要招惹沙俄，如果沙俄人和日本人联手侵略，那么大清两线作战就太被动了。所以，他选择退让。虽然也是个战略，但有点丧权辱国。

大清的第一代外交家是在鸦片战争中培养出来的。经过二三十年的发展，清朝的外交基本思路为：学战国时的苏秦张仪，合纵连横。晚清名臣张之洞就说过："沙俄是战国西边的秦国，英国是战国东边的齐国，我们相当于夹在中间的魏国，我们应该联合齐国对抗秦国，这样才有生路。"

但是在曾纪泽看来，这是一派胡言，英国人为什么要跟你合作？英国人和俄国一直有纠纷那是有特殊原因的。千万不要指望大国会帮中国仲裁，他们不捣乱就不错了。

于是，张之洞又想到一个很巧妙的办法：找一个欧洲的小国出来仲裁。这个国家最好和中国、沙俄没有关联，最好和两国连外交关系都没有，比如像瑞士、卢森堡之类的国家。但是这种观点太前卫了，当时的人们理解不了，后来也就不了了之了。

但是吵归吵，问题还得解决。

最开始，大家为这些事耽误了好长时间。但是时间不等人，崇厚拿回来的条约是要等着大清通过之后，还要带回去和沙俄换约——换约的日子马上就到了。

家贫思孝子，国乱念忠臣。这个时候大清朝中无人，李鸿章作为主和派肯定不能去，那些喊打喊杀的主战派更不行。

恭亲王是见过英法联军的厉害的，所以他和太后商量来商量去，合适人选就只剩下曾纪泽了。

在崇厚回来的半年之后，大清决定委任曾纪泽为出使沙俄大臣。

只不过这个时候，朝廷已经不抱多大希望了。

大清派的崇厚那叫全权大臣，和国家元首是一样的，他答应了那就等同于生效。就像一个公司，可能代表公司签合同的只是普通员工，但盖了公章就算数，要不然你每次都派来一个人，回去就翻脸，以后企业之间还有没有基本的信任？

而且，当时清朝的实力又不如沙俄，一旦激化矛盾引发战争，后果会很严重。

这基本上等于是一盘死棋：一个弱国，答应了强国的事情，现在不仅要变卦，而且是要虎口夺食，这怎么可能？而且一不小心，谈判失败，导致两国开战，曾纪泽就成了千古罪人了。

这就像是两个悬崖之间有一根钢丝，上面上挂了个苹果。他不仅要走好钢丝，还得摘下这个苹果。

曾纪泽当时也写了首诗：仓促珠盘玉墩间，待凭口舌巩河山。

那他能完成任务吗？曾纪泽在去圣彼得堡的路上临时定下来一套组合拳，这一套组合拳现在看来，真是漂亮。

将立场性谈判转化成原则性谈判

曾纪泽的第一个策略，是将谈判从立场性谈判转化成原则性谈判。这个概念是《谈判力》这本书里提到的。

所谓立场式谈判，就是双方容易抱着立场不放，就各自立场讨价还价。一个说领土完整神圣不可侵犯，犯我中华者虽远必诛，另一个说我驻军花了钱，你得给钱，而且你们的代表都同意了，你们怎么能言而无信呢？这样谈判，什么都谈不出来，而且极其耗费时间和精力，最后两败俱伤。

《谈判力》这本书提出来的是"原则性谈判"，或者叫"价值型谈判"。就是别抱着立场寸步不让，逼着对手让步。大家可以把人和事分开，对来谈判的人采取温和一点的态度，大家定一些彼此认可的原则，就算是谈不拢，至少也不能伤和气。这些原则包括人的基本需求：安全感、经济利益、归属感、获得他人认同、主宰自己的生活。考虑到这些，会让对手感觉受到尊重。

曾纪泽在出发的时候，当时的士大夫都要求以战争求和平。但是他们不敢和沙俄叫嚣，就拿崇厚撒气。判了斩监候还不算，还要求斩立决。他们的逻辑很神奇：万一曾纪泽去了俄国之后，步了崇厚的后尘怎么办？要不干脆杀了崇厚，用他的人头吓唬住曾纪泽得了。

沙俄公使第一时间听到崇厚被判了斩监候，马上就要下旗回国，和清朝断绝邦交。沙皇还特意给沙俄的谈判代表布策颁发了一个奖章，作为对处死崇厚的不满。

就连英国、法国、德国、美国的公使都觉得斩监候这事有点过分，分明是对沙皇不满。

后来，双方的架势越演越烈。沙俄这边看大清是这个态度，明摆着就是要毁约，他们也马上摆出一副喊打喊杀的样子，军舰派出来了，在中亚也开始增兵了。而且，他们完全不接受曾纪泽来担任谈判代表，不让他递交国书。

曾纪泽从曾国藩那继承来的一个心法，就是"诚"字诀。

曾国藩和李鸿章之间有过一段神奇的对话：天津教案的时候，曾国藩临时有事要被调走，临行前他问接替自己的李鸿章准备怎么办。李鸿章说，我和他们打痞子腔，装无赖，看他们怎么办。曾国藩说，这样不好，凡事还是诚字诀比较好，跟人家实话实说，人家也是人，就算是再强势，你毫无保留地全盘托出，他们也还是能理解。

从一开始，曾纪泽就是大清唯一一个坚决反对处死崇厚的人，劝说了恭亲王很多次。但是那时候大家看太后发火了，无人敢替崇厚说话。这件事就被压下来了。

这倒是给了曾纪泽一个机会。等曾纪泽到圣彼得堡之后，他就开始有步骤地利用崇厚，把一场立场性谈判给变成了原则性谈判。而崇厚就是一颗很好的棋子。

他离开伦敦之前，先让他那个好朋友马格里去找记者发表文章，表达一下自己是来谈判的，不是来惹事的。等他到圣彼得堡的时候，就开始出第一张牌：让朝廷免除崇厚的死罪，改成监禁。

果然，这个消息一传出来，沙俄马上态度好些了，军队也撤了。

然后，曾纪泽也没着急谈判，让马格里和法国人日意格去找驻沙俄的英国大使和驻沙俄的法国大使，了解一下情况。

马格里和日意格回来后，马格里告诉曾纪泽，英国公使说格尔斯私底下说了，一定会对你很不礼貌，给你一个下马威，但他其实是想谈判的。

日意格反馈说，法国公使也嘱咐了，大清赶紧把崇厚给放了，放了他什么都好说。

这就印证了曾纪泽的判断。接下来，他就开始打另外一张牌：连续给总理衙门发电报，让赶紧释放崇厚。

曾纪泽还去拜访沙俄的外交部代理大臣格尔斯，见面就说，我不是来谈判的，我就是正常走马上任，你别多心。格尔斯就惊住了，然后态度马上好转了。

在曾纪泽的努力和国际压力下，崇厚被无罪释放了。沙皇也答应让曾纪泽递交国书了。

等递交完国书之后，沙皇一看曾纪泽这人器宇轩昂，是曾国藩之子，爵位是侯爵，这身份也算可以了，便同意开始谈判。

曾纪泽就用崇厚这个小球撬动了对方的态度，化腐朽为神奇，一举扭转了局面。

不谈立场，谈利益

《谈判力》提到了原则性谈判的第二点：谈利益，不谈立场。

其实，谈判本质上都是为了争取利益。立场只不过是为了争取利益的需要。双方若想尽快达成共识，立场恰恰是个阻碍，反倒是谈利益，更容易推动谈判节奏。《谈判力》这本书还特意强调，在谈判之前一定要列清单，尽可能多地列出来。你可以交换的东西越多，争取回利益的赢面就越大。

《谈判的艺术》反反复复都在讲一个道理：高效的谈判一定不是零和博弈，你有则我无，你多则我少，而是在一种"交易三角区"里面不断地通过"等效交易"完成利益的转换。

"交易三角区"就是在外界限制因素、对方的底线和你自己的底线之间有那么一个地带，这是你谈判的重点。

"等效交易"其实就是双方的利益诉求一定不是只有一个，有很多个，在这些不同的诉求之间，你就可以来回跳转。就像打麻将一样，吃一张打一张，这样换来换去，效果可能更好。

比如说你和人事谈判，薪资是定好的，不能谈了。你可以和他谈工作时长，也可以谈期权和分红。假如工作时长对方不肯让步，说不定在分红上可以跟你让步。这样有来有往，你很有可能争取到不少利益。

在接下来的谈判中，曾纪泽用的就是这个办法。

沙皇虽然答应谈判了，但是双方还是针尖对麦芒。

先看大清这边。当时总理衙门给曾纪泽寄了封文书，里面列了大清的底线。曾纪泽一看，就是崇厚答应的所有条件都不许。除了给点钱赎回伊犁，其他的全都不答应。

再看沙俄这边。他们提出了三个条件：第一，必须大赦伊犁臣民。第二，支付军费。第三，把当地的百姓迁到内地去，而且只给一个月时间，不接受就直接派使者去北京找清朝皇帝谈。这哪里是谈判，简直就是恐吓，大清最怕的就是这个。

曾纪泽当时是两面受敌，但他很快就想出了应对方法。

首先，总理衙门那封文书是绝对不能交给沙俄的，一旦交出去，那双方马上就得掀桌子，谈判自然就无法继续下去了。

于是，他和马格里、日意格等人开了一晚上会，最后写了一个措辞含混的文书，大意为：沙俄如果要在中国开口岸，可以开一两个；如果俄国商人要免税，不能全免，但是有些特殊条款可以商量。另外，像这些小事，可以等大事都谈妥之后再商量。

其实，意思还是总理衙门的意思，但是表达出来就是一副完全不同的姿态，而且一切都可以商量。

接着，曾纪泽去找当时沙俄那边负责谈判的二把手热梅尼，跟他深聊了一晚上，跟他说：你们不能这样，我们又不是不愿意谈条件，该让步的都会让步，凡事都有商有量才行。

后来，热梅尼被他说动了。这下曾纪泽就明白了，看来沙俄人是真心想谈判，不是非要来硬的。

第三步，他把条约几个部分拆开，分成边界问题、商务问题和驻军费，这是三件事，这三件事是可以互相转化的。

此时，左宗棠雪中送炭，把崇厚谈判的记录、奏折送了过来。曾纪泽翻了一下，发现其实沙俄人本来没想占领伊犁，他们只是想通过伊犁向大清敲竹杠。而且后来有情报显示，沙俄当时主要的军事领导人开了个联席会议，也觉得应该归还伊犁，而且也口头答应过。

所以，要回伊犁是没问题的，关键是得想办法解决军费和商务的问题，并尽可能少出卖主权。

最后，曾纪泽定了个总方案叫作重界轻商。

沙俄的底线和中国恰好相反。他们认为商为主，界为次。这样双方其实就有了谈判的基础了。

接下来，曾纪泽开始坐下来正式和他们谈判，他每次跟对手谈判都是用这个方法，不谈道理，永远笑脸相迎，然后掏出本子来给你算账。

有一次，差点要谈崩了。沙俄方和曾纪泽说，你不按我开的价给钱我就要派兵舰了。曾纪泽说，你不就是想要点钱吗？但是你找我要1200万卢布这也太多了。我算过，1200万卢布的军费足够我们跟你们打好几年仗了，你这么要钱，我宁可跟你打仗，武装收复伊犁。

对方一听，也就妥协了。

还有一次，曾纪泽和布策谈判的时候，谈到一个细节。布策觉得事关原则和国家体面，非常重要。曾纪泽就说，很多事本来没什么妨碍，只是一些不知事理的人，只看面子。比如喝咖啡的时候，有人先放牛奶，有人先放咖啡，明白人觉得没区别，只有偏执的人才会觉得区别可大了。

这话把布策给逗乐了，就不再在细节上纠缠了。

曾纪泽每次都用这种办法把大的原则问题化解为具体的利益问题。由此，谈判开始逐步进入正轨。

因为谈判进行得还算顺利，只是针对细节，后来沙皇亚历山大二世又给追加了两个月时间。

在这一轮谈判中，曾纪泽还用了一些小技巧。

这就要提到《强势谈判》这本书。这本书和其他谈判书不一样，其他书都是讲正常的有来有往的谈判。但是这本书是美国 FBI 谈判专家写的书，应对的是那种特殊场景的谈判，比如恐怖分子劫持人质。

这种场景没办法有商有量，因为对方不确定性太大，只能用技巧不断地强调自己的利益，不管谈判对手提出何种异议，都不为所动，直到对方最终妥协，遵从己方的要求或方案。

比如说，逼着对手说"不"，别逼着他说"是"。这样对手容易有控制感，反倒更好。比如说一些菜鸟推销员，会引导你不停地说"是"。但是，顾客往往不会购买产品，因为感觉被人操纵了。

真正高水平的推销员，都是逼着你说"不"。我见过很多购买了电话销售产品的人都是差点和对方吵起来，后来买单的。因为在这个过程中，他感觉到了控制感，最后是冲动消费。

《强势谈判》这本书讲的都是这些小技巧。这些方法曾纪泽有意无意地运用了。

比如，总理衙门很强硬，列出来的条款如果被俄方看到，那是要掀桌子的。总理衙门不愿意负责任，反正合约签字了也是曾纪泽的责任，他们可以推得一干二净。

在和总理衙门博弈的时候，曾纪泽用的就是逼他们说"不"。

曾纪泽列了新的清单之后，顺带给总理衙门发了封电报：我现在用的手段很阴柔，情势所迫，万不得已，如果你实在不同意，发电文告诉我，我可以马上变得极其强硬。

总理衙门也不想和沙俄闹起来，只好说：不用，你现在这样挺好的，继续努力。后面还补充了一句：你那个文件看了，有两条绝对不能答应：俄国商船在松花江上行船；俄国在西安沿线开领事馆。切记，万万不可答应。

对于曾纪泽来说，在接下来的谈判中就好谈了，他也有了很大的施展空间。

第一轮开局不错。接下来，双方就开始了漫长的关于细节的谈判。

谈判的秘诀就是不着急

曾纪泽的总战略，我总结为"不着急"。

崇厚最大的问题，就是急于谈判。他着急有两个原因。于公，他觉得自己的使命就是拿回伊犁，俄国人同意了，他觉得目标达到了，所以想尽快谈判，签完合约走人；于私，那段时间他的妻子蒋夫人生病了，他急着回家看望。

崇厚1879年12月到达圣彼得堡，半年不到就把合同定下来了。他发现沙俄人并不想霸占伊犁，那也不用谈什么了，对方说什么就答应什么。

一个细节就能体现出他有多着急。本来他应该是从西北出发走陆路先到左宗棠那看看，再从中亚到圣彼得堡。但是他怕耽误行程，因为陆路不好走，他先坐船去欧洲，然后再从欧洲前往圣彼得堡。

但是，曾纪泽的这个方案叫作"不着急"，既然是谈判，谁着急谁被动，咱们慢慢聊。

当务之急，不是表示自己要彻底毁约，而是有步骤地往回争取。

第一轮，曾纪泽主张，帖（特）克斯川盆地对清朝很重要，必须要回来。

格尔斯觉得这本来也答应给清朝的，接受。

第二轮，曾纪泽主张，嘉峪关和松花江对中国也很重要，这个不能让。

格尔斯坚决不肯。

那好，这个不谈了。

第三轮，曾纪泽主张，喀什噶尔地区对中国也重要。

格尔斯还是反对。

曾纪泽就说，这两个你不能都不让吧。那你能不能把松花江让给我们？

最后，格尔斯做主，选了喀什噶尔，松花江行船这事等于就解决了。第一个大心病也解除了。

经过几轮谈判，除了伊犁西边没有争取回来之外，其他的曾纪泽都谈下来了。

伊犁南边的土地全都收回了，还把西边长400里、宽200里的土地要回来了。沙俄的在华领事馆只保留嘉峪关和吐鲁番，没有开到西安去，并把沙俄商人不纳税也改成了暂不纳税。

这就只剩下最后一个问题了：赔多少钱。

崇厚答应的是500万卢布。一开始，热梅尼要求1200万卢布，后来改到500万卢布。曾纪泽开价250万，经过谈判，双方最后谈到了400万。

谈判，就是这么一点点、一步步谈过来的。双方让步、交换，先谈妥大方向，再定细节。最终，东拼西凑，慢慢积累，争取到的居然也不少。

有人说，这是因为曾纪泽做事严谨，这是性格原因，曾国藩就是如此。条约的每项条款、各个语言版本的条约，曾纪泽都看得很仔细。他在圣彼得堡的时候家里挂了好多地图，各个国家的文字都有，生怕哪个细节、地名被他看错了。

这是谈判的真实场景。谈判从来都不是聊大原则，全是死抠小细节，争取回来多少是多少。

《谈判的艺术》这本书反复在讲的就是这个道理，传统的谈判理论，分享的大多是静态博弈技巧，说白了就是一招定胜负，石头剪刀布，达到目标就走人。

然而，谈判是一个动态博弈的过程。谈判双方在谈判过程中，是随时可以改变预期和交易意向的，你得学会"即兴发挥"，这样才能随机应变，立于不败之地。一定不要把每次谈判都当成一次性谈判，慢慢来，今天争取回来一点，明天再争取回来一点，日积月累，可就真是积累了不少。

后来，曾纪泽和英国人谈判鸦片问题，用的也是这个办法。

想要让鸦片不再那么祸害中国，唯一的办法就是对鸦片收重税，让英国人赚不到钱，从而减少鸦片输出。毕竟赔本或者微利的生意没多少人愿意做。

但是，鸦片收入已经是英国人的囊中物了，怎么可能让你收税？而且，当时的印度就靠鸦片贸易来维持和中国的贸易顺差。清朝政府因为积贫积弱，说话也没有分量。这种状态，和清俄谈判的局势很像。

结果，曾纪泽硬是一点点扭转了局面。

谈好中俄新约之后，1881 年他就回到了英国，开始为这件事奔忙。

最开始，英国人不搭理他，派个糊涂虫跟他打太极，两个人谈了半天不得要领。后来曾纪泽就跑去找英国禁烟会和禁奴会的会长，让他们在议会呼吁，停止往中国输送鸦片。后来，禁烟会非常给力，把鸦片税抬到了每箱 80 两银子。

几个月之后，曾纪泽找了个机会去德国，见到了德国首相俾斯麦。他说服了俾斯麦，让他出面调解，将鸦片税提升到了每箱 90 两银子。

两年之后，英国大东公司要在中国修海底电缆，借此机会，曾纪泽又提出了条件——提高鸦片税。这次又增加到了每箱抽 110 两银子。

大家别小瞧这笔钱，这个税收不仅可以控制鸦片进口，而且还增加了不少税收。当时中国就用这笔钱买了三艘军舰：开办号、专条号和厘金号。

所以说，谈判能力真的至关重要。谈判桌上的一句话，有时候能够带来上亿财富的出入，甚至可以决定一个群体的命运。

公事和私交分清楚

在和沙俄谈判的过程中，曾纪泽还有个值得一提的特点，就是他公事和私交分得很清楚。

崇厚最大的问题除了着急之外，他还把公事给谈成了私交。在他看来，国家让我来，就是收回伊犁，只要我目标达到了，我就交差了。如果顺便拿国家利益换点交情，那再好不过了。所以，他私底下跟很多人聊天的时候全都答应得满满的。

沙俄那边的外交家就当真了，真把他胡乱答应的这些东西写进合同里了。这时候，崇厚又爱面子了，说过的话怎么能不算数呢？于是就写进了合约里。

这是他丧权辱国的重要原因：公事和私交分不清楚。

但是在这点上，曾纪泽分得很清楚。

曾纪泽很早就知道，作为外交家，外语必须要好，所以曾国藩去世之后，他在家丁忧守制期间，就开始恶补英语。曾纪泽出使法国的时候，还自学了一段时间法语。所以，他做外交官的时候，和外国人喝茶聊天都用外语。

当时他学习外语，也没有什么权威的字典，只有个传教士送来的《圣诗选集》。通过学习这本书，曾纪泽后来就学会写诗了，经常写诗送洋人，下面还附上自己翻译好的英文诗。

除此之外，曾纪泽还让夫人刘氏和二妹跟各国公使的夫人、眷属搞好关系。在他看来，这是一个外交官的主要职责。正因为如此，曾纪泽在欧洲的朋友遍天下。维多利亚女王的舅舅索尔斯伯里首相就和他关系很不错，经常请他喝茶。

曾纪泽喜欢到处参观欧洲的教育、新闻和工商业机构，甚至还派人参加中美洲的巴拿马运河会议。多个朋友多条路，曾纪泽广结善缘，希望有朝一日能派上用场。果然，后来有一次山西闹灾荒，他居然从英国拉来了善款。

但是，曾纪泽有个底线：平时谈判的时候他一定说中文，然后让马格里和日意格给他翻译。他见法国总统麦克马洪用的是翻译，见维多利亚女王也用马格里做翻译。

每次发照会的时候，他都会把各国文字拿过来反复核对，确保不出错。在中俄谈判的时候，沙俄将同治皇帝称为大可汗，他连这个细节都让对方修改过来了。

这是曾纪泽作为一个外交官的操守：私事和公事分得开，这样才会有人真的尊重你。

正因为如此，曾纪泽的谈判对手最后都对他赞不绝口：于私，他是一个绅士，很容易交朋友；于公，他一丝不苟，严谨到每个细节都不放过。

遗憾的是，沙俄谈判让曾纪泽耗尽了心血，吐血不止。后来虽然暂时治好了，但还是会时不时复发。

曾纪泽在欧洲 8 年，回国的时候才 49 岁，但是已经两鬓斑白，两年之后就离开了人世。

他的那篇《中国先睡后醒论》里面提出的两个畅想：护侨、废除不平等条约，他有生之年没有来得及实现，在他去世之后的一百多年时间里，经过几代中国外交家的努力，现在也基本上都实现了。

这就是曾纪泽的故事，虽然只有几个闪光的瞬间，但也足够名垂青史了。

我们平时接触这种大型的谈判都是在电视上。比如在电视剧《我的1919》中，陈道明演的顾维钧公使慷慨陈词："中国不能没有山东，就像西方不能没有耶路撒冷。"听起来义正辞严，慷慨激昂，但真实的顾维钧并不是这么谈判的。这样的谈判争取不来任何好处。

谈判更像是《走向共和》里李鸿章和伊藤博文签《马关条约》时的场景："你们的人打了我一枪，能不能减1亿两银子？对方答应了。能不能再减一点？哪怕再减个300两，算是给老夫回家的路费行吗？"

这才是真实的谈判。

谈判是个技术活，那些大词、原则并没有什么用，更别说什么大声嚷嚷、吓唬对手了。高效的谈判只有守住底线、认真打磨每一个细节，才能争取到最大的利益。

前一种其实是哲学和美学思维，用在个人修养、辩论赛上还可以，用在与人相处的时候只会把事情搞糟。我们在生活中太常见到这种思维了，"老公不靠谱，我净身出户也要离婚"，"我觉得老板不靠谱，所以我裸辞也要走人"，"小区物业不靠谱，我要给市长信箱写信"。甚至我们能看见有人坐飞机因为座位威胁空姐：我认识你领导。这就是典型的哲学思维，它是刚性的，会把小事无限放大，最后只会掀桌子，让自己吃亏。

我们更需要后一种思维，工程学和经济学思维：少谈抽象的东西，多关注细节和利益。把一个大的原则和立场拆成一个个小的细节，一点点微调，有进有退。只有这样，才能左右逢源，立于不败之地。

第八章
董竹君：做决策的智慧

提及董竹君，估计很多人都没听说过。但是知道她的人，一般来说对她的评价都很高。她的人生经历堪称传奇，以至于多次被改编成电影和电视剧。

董竹君出生在 1900 年的正月初五，1997 年去世，享年 97 岁。董竹君的生平大概可以分成五个阶段。

第一个阶段，是她 13 岁那年被家人卖去了青楼抵债。

第二个阶段，是她遇到了心上人夏之时。夏之时这个名字对于很多人来说有点陌生，但在民国时期，却是个了不得的大人物。他有两个身份，一是辛亥革命的元老，二是四川副督军。董竹君和他相亲相爱，后来两个人私奔去了日本。董竹君在日本努力学习文化知识，成为一名知识女性。

第三个阶段，董竹君和夏之时一起回到了四川老家。董竹君负责操持家务，照顾公婆，抚养 5 个孩子。他们一起开了两家工厂。在这段时间里，她和夏之时的感情出现了重大问题，董竹君独自去了上海。5 年之后，两人分手。

第四个阶段，董竹君和 4 个女儿在上海相依为命。在这个过程中，她白手起家创办了锦江川菜馆，也就是如今的锦江饭店。她不仅做企业做得特别成功，而且和上海各界的关系都很不错。

第五个阶段，新中国成立之后，她捐出所有个人资产，为新中国做了很多贡献。后来，董竹君被当选为全国政协委员，开始了从政生涯。

对于普通人来说，能做到这五个阶段中任何一个阶段的事，都非常了不起了。董竹君从青楼歌女到督军夫人，再到女企业家，最终成为女政治家，实在是一件非常神奇的事。

生活就是由一系列的决策组成的。每天我们都要做出各种各样的选择与决策。例如，乘坐什么交通工具去上班？喝什么口味的咖啡？去哪儿解决中饭？选择和什么样的人共度一生？考什么样的大学？选择什么样的职业？正是这些大大小小的选择，决定了我们的人生走向。

从董竹君的身上，我们能够学到非常重要的一点，就是做决策的智慧。在生活中，我们经常要做决定。董竹君的经历告诉我们，怎样做决定，才能得到最大的收益、最好的结果。她的人生轨迹，给了我们最好的参照和借鉴。

面向未来做决定

董竹君是青楼歌女出身，属于社会最底层。她父亲是拉黄包车的人力车夫，就像骆驼祥子一样。母亲是给人家做粗活的娘姨，就像祥林嫂一样。她本来还有一个妹妹和一个弟弟，但因为家境贫穷，先后夭折了，只有她一个人活了下来。在她 13 岁那年，由于家境贫困，加上父亲病重，万般无奈，只能向妓院老板借了 300 元钱，条件是将董竹君抵押在妓院里 3 年。在董家人的软磨硬泡之下，妓院才答应让她卖唱不卖身，只陪客人清谈。

也就是说，从她 13 岁被卖到青楼之后，她的一生就完全靠自己了。在那个女性基本找不到工作的时代，她唯一能依靠的就是自己做决策的能力。选择决定成败，成败决定命运。从她的每一次转折之中就能看出，她确实和一般人做选择的思路不太一样。

买董竹君的妓院名叫长三堂子。在一个飘雪的冬日，妓院派人来接她。她的家人连一根红头绳都拿不出来，妓院的人给她涂脂抹粉，收拾得漂漂亮亮的，还让她戴上了镯子和耳环，然后用轿子把她抬走了。她的父母只能边哭边看着别人把女儿抬走。

孤身一人到了青楼之后，董竹君就一直不开心，愁容满面。人家给她拍照时她也不笑，于是客人们给她起了个绰号，叫"不笑的姑娘"。

好在董竹君有才华，曲子学得好，而且长得漂亮，放在民国时也是大明星的胚子，所以来找她的客人很多。时间长了，她逐渐适应了这种生活。这家妓院历史很悠久，号称书寓，来这里的客人通常有些文化，所以妓院里的姑娘又叫女校书，也称艺妓。董竹君在唱曲的时候，经常有客人和她吟诗作对，这让她萌发了一种明星的感觉。

可是有一天，给她梳妆打扮的孟阿姨不小心跟她说了实话。这个孟阿姨告诉董竹君，现在妓院不让未成年姑娘接客，是要等姑娘卖唱红了，接客时才能开出高价。别看她现在被人叫"小先生"或"清倌人"，再过几年正式接客了，就要叫"大先生"了。

董竹君十分震惊，因为家人把自己送来的时候说的是，还完债就可以回家了。她就缠着孟阿姨，问自己该怎么办。孟阿姨发了善心，告诉董竹君不要只顾着唱曲，平时要多留意一下。要是遇到了好客人，就争取让他赎身，给他做个姨太太。趁着现在卖艺不卖身，客人不会嫌弃，所以要抓紧时间。

董竹君长得很好看，从小就眉目清秀，人称"小西施"。很多客人都表示想娶她，她从中选来选去，觉得夏之时是个合适人选。夏之时当时是四川的副督军，相当于四川的二把手。而且，他不是传统意义上的军阀，是像蔡锷一样做实事的人。他还是同盟会的创始人，是一个进步青年。

董竹君相中了夏之时，决定把自己重获自由的希望放在他的身上。说来凑巧，夏之时的妻子病重去世了。董竹君一边安慰他，一边暗通款曲，两人的感情越来越深，夏之时也动了娶她为妻的心思，想带她一起去日本。

按理说，董竹君盼望已久的时刻终于来临了，应该感恩戴德才对。但是董竹君也许是熟悉杜十娘的故事，居然和夏之时谈起了条件。

首先，她坚决不要夏之时赎身，而是自己想办法。

其次，她不要夏之时的钱，用此来交换三样东西：

一、不做小老婆；

二、到了日本后，要送她去上学；

三、将来从日本回来、重组家庭的时候，夏之时管国家大事，她负责打理家务。

说到这里，就有必要提到《决策的智慧》这本书了。书中提到了两个概念：机会成本和沉没成本。所谓机会成本，是指为了得到某样东西而要放弃另一些东西的最大价值。这里的关键点在于，选择带来的是牺牲，而不是付出。比如有一天的假期，你可以选择去参加聚会，也可以选择在家读书。如果选择前者，就牺牲了学习的时间。如果选择了后者，就牺牲了结识新朋友的机会。这就是机会成本。

董竹君就明白这个道理。如果她不让夏之时赎身，失去的机会成本是赎身钱，换来的却是和夏之时的平等地位。试想一下，如果她让夏之时帮她赎身，确实能为自己省下来一笔钱，但是从此之后她就会很被动。就像她对夏之时说的那样："以后做了夫妻，哪天你不高兴了就说'你是我花钱买的',我可受不了。"钱没了可以再赚,但是失去了平等的身份,就一辈子都翻不了身了。这时,董竹君才16岁,就已经具备了这样的智慧。

接下来,再考虑沉没成本。所谓沉没成本,是指过去的决策所产生的、不能由现在或将来的任何决策所改变的成本。通俗地讲,就是覆水难收,花掉的钱就不是自己的了。比如亚马逊的 prime 会员服务,购买会员之后享受零门槛免费送货,还经常有折扣。但是这些服务是花了钱才能享受的。同理,去电影院看电影时,如果电影不好看,一定要早点退场,不要认为花了钱就要坚持看完。电影票已经没法退了,就不要再浪费时间。

我们从这些例子中可以看出,沉没成本和机会成本有一个共同点:都是面向未来做决定的。

可是,普通人都不善于这样想问题,得失心总是很重,也就是说面向存量思考问题。但是经济学教我们面向未来做决定,要有前瞻性。这一点董竹君做得就非常好。

因为董竹君不要夏之时为她赎身,她就要自己赚钱赎身。但问题是,妓院的老鸨不愿意放她走。如果她只是个普通的姑娘,可能很容易脱身。但是她的人气很旺,找她唱曲的客人也很多。可以说,董竹君就是老板的摇钱树。她经常要唱到嗓子嘶哑,累得两腿酸麻。所以,老板不会轻易地让她离开。

老鸨发现她唱曲的状态不对,还总是装病不出门,看出了她的心思,就把她软禁了起来。董竹君花了很多钱买通了看守,还把身上所有的绸缎衣服和首饰全都扔下了。老鸨发现了这些东西,就不会再卖力气追她了。

最后,她只穿着贴身衣服和单薄的外套逃出了门,叫了一辆黄包车,来到跟夏之时约好的地方。两人见面之后直奔码头,坐上轮船去了日本。

董竹君扔下的首饰,是她卖唱三年积攒下来的所有家当,但是她都可以抛弃。因为她用这些存量的钱换来的未来，是更加值得的。

她至少换来了四个巨大收益。

第一个收益：她从此以后可以和夏之时平起平坐，至少在人格上是平等的。

1914 年春天，也就是私奔两个月之后，他们在松田洋行里举行了简单的婚礼。当时，夏之时 27 岁，董竹君只有 15 岁。昔日的贫苦女子、青楼歌妓，一跃成为督军夫人。

结婚那天，董竹君梳妆打扮，穿上了一身洁白的婚纱，夏之时也穿着笔挺的西装。两人的结婚照被广为流传。

夏之时是国民党大佬，有很多记者朋友。一时间，两人的故事被传为郎才女貌的佳话。媒体非常喜欢这样的励志故事，所以董竹君的形象很快就变得积极正面了。

第二个收益：成为了夏之时家的女主人，换来了可贵的管家能力。

很多妓女从良之后的婚姻都不幸福。为什么？因为妻子往往会觉得有点亏欠丈夫，认为自己的出身不好，就总是想要弥补。一旦妻子开始这么想，丈夫也会出现这种想法。最后的结果往往是，妻子把做妓女时赚的钱都倒贴给了丈夫，最后两人把钱败光，然后一拍两散。这样的结局，让人唏嘘不已。

但是董竹君把积蓄都抛弃了，身无长物。两人刚到日本的时候，又遇上了突发情况。夏之时在老家的大哥吞没了乡亲给他的赞助钱，又不给他寄生活费。所以有一段时间，两人的经济情况特别紧张，经常要靠典当东西度日。

夏之时有抽烟的习惯，最严重的时候，他连抽烟的钱都没有。烟瘾发作无法忍受时，董竹君就从垃圾桶里捡些烟头，筛出烟叶，再用水纸给丈夫卷几根烟。生活虽然过得很艰苦，但是也能继续。

从这时开始，董竹君就留了个心眼，每天专门抽出一点时间去学习家政。她白天上课学习，夜晚挑灯读书，经常读到双眼红肿。她开始亲自操持家务，缝纫、烧菜、洗衣、招呼客人、算账，把家里的事情操办得井井有条。

学会了家政，后来成了董竹君进入夏家的敲门砖。夏之时虽然是个革命派，但是他的家人非常传统。夏家是典型的大家族，夏之时一家和他父亲的兄弟一家，都住在一个大宅子里。

夏之时去日本是为了避难，过了一段时间，政局稳定了，他就准备回国了。可是回国之后，董竹君该怎样和夏家人相处，夏之时完全没有想法。董竹君的婆婆放出话来："一个卖唱的妓女，只配当姨太太，怎么能嫁给我们这种大户人家！"所以，夏之时起初没有直接带董竹君回家，而是派了一个勤务兵和两个用人接上董竹君，让她在重庆的两个朋友家住了一段日子，后来才回夏家。

但是董竹君心中有数，因为她学过家政，知道这些事该怎么安排。

拜见公婆，见面礼很重要。董竹君花了不少心思，精挑细选了一番。她不仅给二老买了见面礼，还给所有住在大杂院里的亲戚都买了礼物，见面的时候亲手送上，甚至那些没有住在大杂院里的亲戚，她也吩咐下人把礼物送上门去。

接下来，她花时间学习的家政就派上了大用场。因为夏之时在家里地位很高，很多事情都需要他来安排。但是，夏之时是一代军阀，身兼数职，根本没有时间管家里的事情，所以这些事就全都落在了董竹君身上。她安排洗衣做饭，亲自伺候公婆，热情招待亲友，细心照料夏之时前妻生的儿子，还要管理家庭的账务。每天早晚，她都要给二老请安。最重要的是，董竹君还亲手操办了夏之时四弟的婚礼。

几件事办下来，夏家人就真的服气了，觉得这个儿媳妇很厉害，所以什么事都找她商量。后来，夏之时的父母主动跟儿子说，让他们重新拜堂成亲，承认董竹君是夏家的正式成员。

虽然董竹君觉得这套虚礼太浪费钱和精力，但也不敢违逆老太太的意思。于是，她和夏之时按照四川习俗重新办了一次婚礼。夏之时前妻的父母也来参加了婚礼，可见他们对女儿的继任者很满意。

就这样，她在夏家的地位稳固了。

第三个收益：她争取到了在日本读书的机会。

民国时期，有很多妓女出身的女性从良之后，做了名人的贤内助。比如上海大班哈同的夫人罗迦陵就是妓女出身，袁世凯的大姨太太沈夫人也是青楼出身。但是她们在从良之后，没有一个去读书。董竹君永远都是面向未来做决策，所以她到了日本之后就读书去了。

董竹君原本就好学，因此抓住机会拼命读书，把因家庭贫困错过的教育加倍补了回来。不到4年时间，她便念完了东京女子高等师范学校理科的全部课程。后来，她还自学了法语，差点儿就去法国读书了。

董竹君的文化底蕴，以及她后来表现出的很多开明思想，都源自在日本的6年读书经历。在这6年里，董竹君进步神速，和夏之时的婚姻也是非常甜蜜美满。

因为董竹君的思想觉悟提高了，所以夏之时不再只是把她当作太太，还把很多事情交给她去办。他们在日本的时候，有一次，夏之时要给上海送一份机密材料。因为文件很重要，不能发电报，只能派专人渡海亲自传送。他就把这件事交给了董竹君，顺便让她回去见见父母。她独自一人，带着机密文件和路费上路了。结果，她不仅顺利完成了任务，还在旅馆停留的间隙见到了久未见面的双亲。

经过这件事，夏之时身边的很多人开始对她刮目相看。因为夏之时本身就是精英，所以身边的朋友也都是青年才俊，有些瞧不起董竹君。

他们刚结婚的时候，夏之时的一些朋友甚至觉得，青楼女子能做好妻子就不错了，竟然还妄想读书？

但是，随着董竹君变得越来越出色，朋友们也都越来越认可她。有一次，一个国民党人来夏家拜访，对夏之时说："你们家前面是朗朗读书声，后面是一片织机声，真是朝气蓬勃，好一个文明家庭。"这也意味着，夏之时的好友都接受了她，因此她在精英圈子里的地位也提高了不少。很多人都成了董竹君的终生好友，即使她后来和夏之时分手了，这些人也还是她的朋友。

她的第四个收益，也是最大的一个收益，就是子女都得到了良好的教育。

有人说，学历是最好的嫁妆，而给孩子最好的礼物就是良好的教育。能让子女有很高的受教育水平，就能给子女的人生加分。

董竹君和夏之时结婚之后，陆续生了四个女儿和一个儿子。董竹君能在夏家有很高的地位，和她教子有方有很大的关系。

有一次，她刚生完孩子一周，因为没有奶水，孩子饿得一直哭，大家都劝她用牛奶先喂养。她查阅了产科医生的《产妇与婴儿须知》手册，按照书上的步骤喂奶，使孩子顺利度过了危险期。后来孩子生病，她也是自己翻医书，配合医生一起治疗。从头到尾，夏之时都没参与过抚养孩子。

夏之时的思想很传统，认为女孩子是泼出去的水，到了十七八岁就该嫁人了，不需要上学。董竹君拗不过，就在家开设了一个别致的读书室，启蒙家里的女孩子读书。在董竹君的影响下，子女的学历都很高，成为了独当一面的人才。不得不说，这是她在日本读书带来的副产品。

民国有很多显赫的大家庭出身的孩子，后来都成了纨绔子弟。例如盛宣怀在世时富可敌国，可是他去世没几年，盛家公子就把家底败光了。

所以，在子女教育上，董竹君做得很成功。

这就是董竹君和夏之时私奔获得的四个收益。很多人说起董竹君的时候，总会把她当成一个传奇人物，很少有人分析董竹君的所作所为，以及她的人生抉择背后的逻辑。恰恰是这些人生抉择，决定了她日后的命运。因为她懂得面向未来计算成本与收益，所以避免了很多可能的悲惨遭遇。

她原本的命运可能是，自认为亏欠了夏之时而自惭形秽，之后夏之时把她卖唱辛苦攒下的钱都花光，然后另寻新欢，使自己成为笑话。但是她面向未来做选择，成功获得了事业和爱情，还让子女受到了良好的教育。

做决策时，坚决执行 16 倍法则

在《决策的智慧》这本书里，还提到过一个 16 倍法则。

所谓 16 倍法则，是指好的决策所带来的收益，是一般决策的 16 倍。这是根据经典的二八法则计算出来的。因为永远都是由 20% 的人分享 80% 的财富，80% 的人分享剩下的 20%。所以顶尖的 20% 和余下的 80% 的人相比，有足足 16 倍的收入差距。这就是 16 倍法则的来源。

既然好的决策和一般决策的差距如此之大，那么我们在做选择的时候，就一定要用最小的成本来找到最大收益的选项。

董竹君的故事，恰好印证了这一点。

1996 年，也就是董竹君去世的前一年，她与电视剧《世纪人生》总导演谢晋进行了一次会晤。回首自己的一生，董竹君曾说过这么一句话："我对人生坎坷没有怨言，只是对爱有点遗憾。"

为什么遗憾呢？大概是因为董竹君走得太快，夏之时跟不上了。

首先，董竹君的社会交际面很广，而且她擅长社交。时间一长，夏之时就开始疑神疑鬼。如果有人和董竹君多来往几次，他就会盘问一番。

其次，董竹君在思想上也走得有点远。因为她是知识女性，比较文艺。例如，有天傍晚她突然听到窗外桥上传来了一阵凄美动听的箫声，就非常激动，每天都守在窗前听。夏之时经常挖苦她，还总是嘲笑她。

一开始，两个人只有一些小摩擦，后来两人的冲突就愈演愈烈。夏之时先是把董竹君的日本教师换成了女教师，后来又让自己的四弟和她一起读书，想让弟弟监视嫂子。

后来，他变本加厉了。有一次，夏之时要出一趟远门，临走前竟然交给董竹君一把枪，并且吩咐她："在家好好念书，这把手枪你放在枕边，用来防贼自卫，假如你做了对不起我的事情，就用它自杀好了。"

还有一次，夏之时因为长时间骑马，得了骑马疮，卧床不起。董竹君在旁边悉心伺候。有一次，她出门倒尿盆的时候，正好遇到卫兵巡逻经过。卫兵询问夏之时的病情，董竹君回答了几句。回房后，夏之时就破口大骂："我还没死，你就到处勾搭！"

说老实话，对于这些，董竹君还能够忍受。后来，夏之时开始走下坡路，人也慢慢堕落了。有一段时间，夏之时被其他军阀赶下了台，闲来无事，就每天在院子里栽花种竹，养鸟养马，还沾染上了赌博和吸大烟的毛病。董竹君着急之下，就把他的烟具藏了起来。夏之时骂道："即使把房子吸掉了，也没花你娘家的钱。"

最关键的是，夏之时对孩子的事不闻不问，孩子生病时，他不但从不照顾，还老说风凉话。

这个时候，夏之时已经成了董竹君的一个负担。一个女人想要的最基本的安全感，夏之时都给不了。董竹君是个永远向前看的人，她把该做的都做到了，也没办法把夏之时拉回来，就有心离场了。

找到第三条道路

普通人做决定时，总是非黑即白，非此即彼。但是在《决策的智慧》中，提出过一个"第三条道路"的概念。比如，当你入住一家酒店时，觉得枕头很不舒服，该怎样选择呢？通常有两条路可选：换一家酒店，或者忍受一晚。

可是如果把整件事加以量化，就会发现第三条路。打个比方，换一家酒店，会损失300块；忍受一晚，睡眠状态不好，会影响第二天的工作，至少损失1000块；如果出门买一个新枕头，只需要不到100块就解决了问题。这就是计算成本与收益。

董竹君是个有经济学思维的人，凡事都不会一刀切，而是从中选择最佳解决方案。她的离婚历程也和一般人不一样，是一步步走过去的。既不是和夏之时彻底决裂，也不是一直忍受。

她先是对夏之时说，最近事业不顺，但是有一家人要养活，所以不如做点实业赚钱。夏之时也很缺钱，没多想就答应了。1926年，董竹君创办了一家女子织袜厂和一家黄包车公司。两个产业不但做了起来，还做得有声有色。到了第二年，蒋介石发动了"四·一二政变"，夏之时就去了上海，看看是否有机会联系上蒋介石，争取重新出山。

董竹君起初留在四川，把这两家公司都卖掉了，用换来的钱都买了田地。料理好这些事务之后，她就去上海找夏之时。夏之时这时碰了一鼻子灰，心情很糟糕。有人给董竹君寄信，被夏之时签收了，董竹君想拿回自己的信件，结果竟然被夏之时暴打。董竹君转身逃跑，险些被枪打中。

董竹君再也无法忍受了，她下定决心要离开夏之时。这时，夏之时反而主动打起了感情牌，要和董竹君好好过日子，董竹君没有同意。用软的没有奏效，夏之时就放出狠话："如果你能在上海混出名堂，我就在手心里煎鱼给你吃。"

这时，董竹君没有像其他在气头上的女性一样，哭着摔门而去，而是和夏之时签了一份协议，约定先分居5年。如果5年之内，她在上海创业成功了，夏之时也恢复了正常，到时再说复合的事。在这5年里，夏之时每年要给四个女儿支付1600元生活费和学费。

这就是给自己留一条后路。利用这个时间差，先保证自己衣食无忧。有了经济基础，再做其他选择，就拥有完全的主动权了。

更重要的是，在这个时间里，她还挂着四川副督军、辛亥革命元勋夫人的名号，可以得到很多人的帮助。比如，当时的民国大佬戴季陶是南京考试院长。他看董竹君独自在上海闯荡很不容易，就主动找上门来，认她的大女儿为干女儿，戴季陶的母亲认董竹君为干女儿。

后来，董竹君办厂需要启动资金，戴季陶主动送来1000块大洋，还写了封介绍信，让她找无锡纱厂巨子荣德生帮忙。虽然最后荣德生没有选择她家的产品，但是也让董竹君多了一些人脉。

一开始，董竹君的日子确实不好过。她带着四个女儿，挤在二叔租的房子里，自己做家教补贴家用，偶尔还要靠典当衣物和首饰度日。

那段时间里，中国人群情激奋，都在抵制日货。董竹君敏感地意识到，在这种环境下做棉纱生意，或许是个机会。她典当了结婚时的珍珠项链，游说那些稍微有点闲钱的亲友投资入股，总共凑了4000块钱，在上海闸北开了一家群益纱厂，取的是"有益群众，抵制日货"之意。

一开始，群益纱厂经营得非常成功，发展到高峰的时候，有二三百个工人。眼见妻子的事业蒸蒸日上，夏之时感觉很丢脸，觉得自己像是一个吃软饭的。5年之约即将到期，然而在第4年，董竹君遭遇了一次重大变故。

1932 年，淞沪大战爆发，一场大火把董竹君的纱厂烧光了。但是，经营企业，经验和知识是最重要的。在这几年时间里，董竹君已经积累了很多经验。有了经验和淡定的心态，就可以随时从头再来。

但是夏之时没有意识到这个问题。1934 年，两人的协议到期了，夏之时竟然来找董竹君谈判，想和董竹君复合。他以为自己有谈判的筹码，因为董竹君自己的工厂破产了，她的父亲又在四川无依无靠。

董竹君没有屈服于他的威胁，还奚落了夏之时一番。最后，夏之时同意离婚，但是要给子女抚养费。如果董竹君不幸遇难，夏之时要抚养子女到上完大学。之后，董竹君就净身出户了。

一切都要计算成本和收益

董竹君离婚之后，媒体又闻风而动，把这次离婚变成了一个热门的新闻话题。媒体对董竹君基本都是正面评价，很多人都把她当成了自己的偶像。

有一个叫李嵩高的军火商，就是董竹君的狂热粉丝。他听说董竹君是净身出户，于是主动找上门，表示愿意资助 2000 块帮董竹君渡过难关，作为下一次创业的启动资金。他还承诺，可以把董竹君的三女儿董国瑛送去日本念书。

拿到了这笔钱，董竹君想了几天，最终决定开一家小饭馆。她用 2000 块启动资金租了一间店面，给饭店取名叫"锦江小餐"。董竹君推出了改良版的川菜，而且因为自己酷爱竹子，便将竹叶定为店徽，在所有碗碟等瓷器上都印上了竹子标志。董竹君这个名字，也是她后来自己取的。

这恐怕是中国最早的 IP 理念。既有人格形象和品牌绑定，还有包含着一个励志的故事。锦江川菜馆的店面设计都是董竹君亲自负责的，融合了中日欧三种风格，非常典雅。

靠着多年来的管理经验和丰厚的人脉，董竹君把锦江小餐的名号打响了。很多中外知名人士都慕名而来，来过店里的名人甚至有美国喜剧大师卓别林和周恩来总理。后来，这家店越做越大，更名为锦江饭店，一直经营到如今。

我们从董竹君身上还能学到一点，也是经济学思维最重要的一点：一切都要计算成本与收益，要面向未来衡量一件事是否值得选择。用这个标准来做事，就不会犯愚蠢的错误。

在整个 20 世纪，人类干了很多非常疯狂的事情。比如，发动了两场世界大战，出现了很多次种族屠杀、宗教仇恨和意识形态斗争，发明了能让地球毁灭数百次的核武器。这些疯狂的背后，其实都有一个共同特征：站队。如果有了一个信仰，就从属了一个阵营，那么不属于这个阵营的人就是敌人。要么消灭敌人，要么被敌人消灭。这样的事情在 20 世纪里几乎每天都在发生。

这种站队思维，本质上是用直觉来思考的。但是经济学可以教给人们一种不同的思考方式，是反直觉的。一切都只计算成本与收益，都要在计算之后才做决定。如果凡事都能做到计算成本与收益，那么至少能保证一点：不用直觉思考，也就会避免走向极端。

从这个角度来说，之所以说董竹君具有经济学思维，不仅是因为她做出了很多神奇的选择，经商的手段高明，还因为她很有政治眼光。

20 世纪上半叶，中国多灾多难，百姓的生活也很悲惨，很难做选择。董竹君的丈夫夏之时，作为国民党的元老级人物，也是一代人杰，但最后也没有得到善终。而董竹君得到了新中国领导人的尊重和肯定，锦江饭店一度还成为接见外宾的重要场所，很多外国领导人都在这里下榻。

董竹君本人活到了 97 岁，一生无忧。做到这一点，非常难能可贵。

董竹君原本是青楼歌女，属于要被改造的对象。而且她还是个督军夫人，可是夏之时被处死之后，她依然生活得很好。这是为什么呢？就是因为她从不站队。

首先，她和青帮关系很好。锦江饭店最初的店面很小，店址也相对偏僻冷清。青帮大佬杜月笙带人去吃饭，经常需要等位子。有一次，他实在是等得不耐烦了，就对旁边的伙计说："生意这么好，人这么拥挤，怎么不扩充店面？你去告诉老板娘，如果需要房子，我可以叫房东孙梅堂想办法解决。"

很多人都觉得，黑社会还是尽量不要招惹，况且她是个女流之辈，万一被讹上了怎么办。但是董竹君认为，如果拒绝杜月笙，就是驳了大佬的面子，这才是得罪了人。如果今天承他的情，下次再还一个人情，大家有来有往，互不相欠。所以，她就真请杜月笙帮了这个忙。

董竹君跟房东提起了杜月笙，房东以为她也是帮会的人，态度非常好，把其他租户都赶走了，给董竹君腾出了几间房子。董竹君打算扩建饭店，但是两栋房子之间需要搭建天桥。私自搭建天桥，是违背当时的工部局章程的。董竹君决定先斩后奏，把天桥建起来再说。

后来，工部局果然打电话来警告，董竹君就去找杜月笙诉苦。她首先感谢杜先生帮助锦江饭店扩建，然后她话锋一转，说工部局不允许搭建天桥，让她很是发愁。杜月笙看董竹君这么一说，就答应董竹君帮忙想想办法。最后，工部局临时召开董事会，颁发给锦江特许营业执照。这是上海开埠以来的唯一一次例外。

自此，锦江的店面扩大了一倍不止，但依旧每天生意兴隆。事后，董竹君赠送了两桌酒席给杜月笙表示感谢。对于杜月笙来说，这是做了件好事，还借着这个机会宣传了自己。对于董竹君来说，用一顿饭还了杜月笙的人情，日后打着杜月笙的旗号，谁也不敢招惹她。

她还有一个很好的朋友，是当时上海的特务头子，名叫杨虎。杨虎和夏之时是好朋友，杨虎的太太和董竹君是闺密。杨虎帮过董竹君很多次。比如，董竹君的儿子在解放战争的时候要被送到东北战场，是杨虎想办法把他救下来的。

董竹君像对杜月笙一样，总要找机会还杨虎的人情。到了1948年的时候，蒋介石败相已露，杨虎也想找一条退路。这时候董竹君就帮上了忙。中共特科的吴克坚请董竹君找杨虎救两个人：张澜和罗隆基。杨虎完成了这次营救任务，并且因为这个功劳留在了大陆。这就是董竹君还给他的人情。

董竹君一生中结识了很多好友，遍布三教九流。无论是社会贤达、演员明星，还是教育家、工商军政界人士，都是她的好朋友。后来，她还成立了一个小圈子，叫"十一人生日会"。这个小圈子里有11个人，大家按照每人的生日次序，每月到锦江聚餐一次。这11个人中，有上海申报馆副总编辑，有大公报的记者，有英国犹太大商人，有经商的富二代，还有照相公司的经理。

另外，董竹君和共产党方面保持着不错的关系。

她开办工厂赚的钱，很多都捐给了中共地下党的进步刊物。她后来开办的锦江茶楼，在二楼有一个雅阁，是专门为中共上海地下党准备的，只签字不用付钱。而锦江茶楼为什么可以很好地掩护中共地下党呢？因为这个茶楼是由杨虎的太太田淑君投资的。有了特务头子杨虎做招牌，谁还敢来查？

那段时间正是共产党最艰苦的时期，城市工作非常危险，很多共产党员死在了上海。因此，董竹君的行为就是雪中送炭。新中国成立之后，周总理很重视锦江饭店，其中也有感激的成分。董竹君又把个人资产15

万美元全部捐给国家。

　　董竹君很有经济学的头脑。经济学是一种反直觉的思维方式，让人能够面对未来做选择。正是这个特质，让她完成了从青楼歌女到上海滩风云人物的逆袭。她的一生，堪称传奇。

五　寻常路不要走

第九章
稻盛和夫：小成靠术，大成靠道

日本经营四圣中，创办了松下电器的松下幸之助、创建了索尼的盛田昭夫以及创办了本田的本田宗一郎一直广为人知，相对而言，稻盛和夫就显得不是那么知名了。

原因很简单，因为他经营的企业的知名度不如松下、索尼和本田高。但是，稻盛和夫绝对配得上"经营之圣"这个名号，因为他一手打造了两家世界 500 强企业，放眼全球可以说是绝无仅有的奇迹。一家叫京瓷，是给电子设备做陶瓷元件的公司。另一家叫 KDDI，是日本第二大的通信公司。这两家都是技术公司，而且主要是做原件，我们平时很少接触到，所以可能不太熟悉。

稻盛和夫的过人之处不止于此。他 27 岁创立京瓷，半个世纪过去了，经历了日本社会的多次动荡，比如世界石油危机、日元升值危机和日本经济的"十年沉寂"期。创建 50 多年以来，虽然有过销售的大幅下降，但却从未有过一次亏损。即使在 2008 年的经济危机，京瓷仍然是盈利的。

后来，很多公司实在经营不下去了，就请他出马救场。比如在 2010年年初，日本当时最大的航空公司日航（世界 500 强）申请破产保护。

在日本政府的再三恳请下，年近八旬的稻盛和夫再度出山，临危受命，担任日航 CEO，只用了 3 个月时间，就扭亏为盈。第一年，日航利润 1884 亿日元，第二年，日航盈利高达 2049 亿日元，成为全球航空业的利润冠军。2012 年 9 月 19 日，日航重新上市，稻盛和夫则功成身退。

稻盛和夫不但是一名大神级的企业家，他还是一名哲学家。他把自己的人生设定为 80 年，划分为三个阶段：从出生开始后的 20 年，是为踏上社会所作的准备期；接下来的 40 年，是为社会、为自我提升的工作期；最后的 20 年，是为灵魂的启程做准备的时期。

他 65 岁退休，把个人股份全部捐献给了员工，自己在京都临济宗妙心寺派圆福寺出家修行，法号"大和"。后来，他觉得自己觉悟了，就又再次出山，创办了"盛和塾"——取自他名字中的两个字，意指"企业兴盛，人的和合"。稻盛和夫利用盛和塾宣扬他的经营哲学，在世界范围内传播经营理念。他一本接着一本地出书，《活法》《干法》《阿米巴经营》都是超级畅销书。

稻盛和夫的书之所以受欢迎，一个重要原因是他的观念比较通俗易懂，而且很有感染力。说得直白点，就是心灵鸡汤。

在波澜万丈的人生中，无论遭遇怎样的苦难与逆境，都要不怨、不叹、不沉沦，积极开朗地面对人生，踏实顽强地拼搏。无论面对怎样的命运，乐观地坚持下去，人生之路自然会越走越宽。

虽然多做好事未必有好结果，但从人生几十年的跨度来看，行善一定会有好报应。春风得意之时，也不要忘记谦虚之心，傲慢不逊只会招致自取灭亡。

所谓不可能，只是现在的自己不可能，对将来的自己而言那是"可能"的。应该用这种"将来进行时"来思考。要相信我们具备还没有发挥出来的巨大力量。"行！我们能做。"衡量自己的能力要用"将来进行时"，用这种积极的态度对待工作。

这些话符合心灵鸡汤的三个基本要素：

第一，当你身处逆境中时，一定要努力，风雨过后才能见彩虹。当然了，平时更要努力，努力才能成功。

第二，如果你没有成功，是因为你不够努力。你成功了，也还是要努力。要努力到什么程度？努力到无能为力，拼搏到感动自己。

第三，保持积极正面的情绪，培养正确价值观，远离错误价值观。

我不是说心灵鸡汤不对，想成功当然要努力，也要积极培养正面情绪。但这些话其实都是一些正确的废话。所以，关于稻盛和夫的书，我建议大家读这两本：一本是《稻盛和夫自传》，讲的是他的人生经历；另外一本是《阿米巴经营》，讲的是他的管理心法。

读完稻盛和夫的自传之后，我发现他前面说的那些看似心灵鸡汤的话语，背后确实是有一套哲学体系作为支撑的。他确实是个知行合一的人，而不是一个励志大师。这点确实很让人尊敬。所以，接下来我就结合稻盛和夫的经历，深挖隐藏在心灵鸡汤背后的哲学体系。

事业上的成功，来自于修行

1944 年，还没有上初中的稻盛和夫第一次接触佛学。当时，他因为患了肺结核卧病在床，经常神志不清。有个邻居心疼他，就给了他一本书，主持人谷口雅春写的《生命的实相》，书中带有一定的佛学思想。当时稻盛和夫正无事可干，就专心致志地看了起来。书里有一段文字让他深有感触："我们内心有个吸引灾难的磁石。"也就是说，人生中的遭遇全部是自己的内心吸引而来的。稻盛和夫从中领悟到了一个道理：一切因果都是随心显现，内心什么样，世界就是什么样。

由此，稻盛和夫对佛学产生了兴趣，成了一名佛系青年，在人生道路上日益精进。在人生的重要关口上，他喜欢找法师聊天，然后再做选择。

有一次，京瓷上市后遭遇了一次公关危机，稻盛和夫内心很郁闷，就去找圆福寺的高僧倾诉排解。法师开解他说："稻盛君呀，感到痛苦，证明你还活着呀。遭受苦难之日，正是你所造恶业消失之时。业报消失，你该高兴呀。"他内心的痛苦一下子就排解了，马上就回去化解公关危机。

所以很多人认为，稻盛和夫事业上的成功来自于修行。他人生的秘密也正在于此。

在一般人看来，佛系青年和两家五百强公司的 CEO 好像有点违和。人们印象中的佛系青年，是那种经常把"随缘吧""不着急""无所谓""我都行"挂在嘴边的人，排斥物质享受，不追求俗世的成功，与世无争。这和企业家的形象不太一致。

在过去的几十年里，日本盛产"佛系青年"，这是制度导致的。

稻盛和夫上中学之后，日本就进入战后时期了。在很长一段时间里，日本人民普遍都感到迷茫，缺乏安全感。后来政府为了解决这个问题，推出了年功序列制。这是一种按职工的年龄、企业工龄、学历等条件，逐年给职工增加工资的一种工资制度。这就导致了不同的岗位之间在同等工龄的情况下，工资的差异特别小，而且能不能升职加薪，并不完全取决于能力。简单来说，就是论资排辈。

而且，日本的很多企业普遍实行了终身雇佣制，这在日本早就是一种传统，人们一旦从事一份工作，基本上一辈子都不会跳槽。日本专门有一条法律，规定如果一个企业要解雇员工，你解雇的理由如果不能得到公众认可，那么解雇是无效的。这么说来，日本人的工作可以说是加强版的铁饭碗了。

一开始，这种制度能够安定人心，使得员工与企业之间形成了一种"一损俱损，一荣俱荣"的共同利益关系，但是年长日久，弊端就出现了。

首先，很多企业毫无进取心，人浮于事，但就是大而不倒。因为这些企业一旦大批破产，就会有很多人失业，这对于日本人来说是无法接受的。

稻盛和夫最开始进的就是这么一个公司。1954年，他大学毕业开始找工作，因为家境贫寒，也没有什么门路，只能自谋出路。在当时的就业形势下，即使是名牌大学的毕业生，也不一定能找到满意的工作。毕业于鹿儿岛大学的稻盛和夫，就业难度非常之大。

当时，稻盛和夫还有五个弟弟妹妹等着他赚钱上学，所以他就在京都随便找了一家制造绝缘子的公司，叫松风工业。他觉得专业对口，想都没想就去了。

一开始，觉得这家公司的名字还不错，他和家里人还很高兴。但稻盛和夫去了之后才知道，其实这家公司经营早就出了问题，濒临破产，高层之间内讧不断，劳资纠纷经常发生，就连工资都好几个月没发了。他再一看宿舍，就是一间破旧的荒屋，房间里全是稻草屑，连席子都没有。

但是像这种企业最奇葩的地方就在于，很多人还是趋之若鹜，毕竟是铁饭碗，只要能有一份工作就可以一生无忧。

有一段时间，稻盛和夫想离职，准备回去考试，再换一份工作，但是需要户口的副本。稻盛和夫写信让家人寄过来，结果他左等右等，一直等不到回信。后来他才知道，哥哥收到信后就把信撕了，他觉得弟弟十年寒窗，好不容易上完大学进了京都的公司工作，怎么能够坚持不到半年就要辞职呢？这实在是太丢人了。这件事情说明在人们的心目中，公司就算快倒闭了，那也是个铁饭碗。

这就是这种奇葩的年功序列制和终身雇佣制。在这种制度下，大家能推断出来会出现什么结果吧？简单总结一下就是：干多干少一个样，干好干坏一个样。所以，很多年轻人失去了积极性和进取心，只想按部就班地工作，慢慢熬资历。

　　所谓"佛系青年"，就是在这种背景下催生出来的。

　　那稻盛和夫和"佛系青年"有什么区别？他经常喜欢引用一本中国的书《了凡四训》。他曾经说过："我邂逅了袁了凡所写的《了凡四训》，顿时得到了顿悟的感觉，原来人生是这样的。"

　　那么，《了凡四训》讲了一个什么故事呢？

　　这本书的作者叫袁了凡，是明朝时期的人。他小的时候，有一个算命先生给他算命，算得很详细，算定他没有官运、一生无子嗣。慢慢长大后，袁了凡发现算命先生的预言开始应验了，甚至连每一次考试的名次都算得分毫不差。他大吃一惊，心想："唉，既然我这辈子早就被命运安排好了，努力不努力都是这样，那我干吗要努力？"

　　这种心态，和年功序列制里的日本佛系青年是一样的。

　　后来，袁了凡去南京国子监之前，前往栖霞山拜访云谷禅师。两个人面对面打坐了三天三夜。云谷禅师很是惊讶，一个年轻人居然能够有这样的定力，一心不乱，就问他原因："年轻人，我见你静坐三天三夜却不曾起一个妄念，是何缘故？"

　　袁了凡就解释："我此生命运早已注定，荣辱生死，皆有定数，所以我听天由命、心如止水，自然没有分毫妄想。"

　　云谷禅师叹息一声说："我还以为你了悟自性而入了禅境呢，原来还只是个凡夫啊。"

　　袁了凡就说："难道我的命运还能改变吗？还请禅师开示。"

　　云谷禅师说："命由我做，福自己求。一切福田，不离方寸。你发心想成为好人，你一步一步地做下去，命运自然会向成为好人倾斜。命运就算是注定好的，但是后天的发心和一点一滴的积累也是能把注定好的命运转变的。"

然后，云谷禅师教会了袁了凡如何写功过格。

袁了凡听了云谷禅师的教诲后，觉得很有道理，就开始发心做好事，写功过格。几年之后，算命先生的预言果断就不准了。后来，袁了凡不但中了进士，也顺利得子，成了造福一方的官员。他的作品《了凡四训》，对后世产生了重大影响。

稻盛和夫在《活法》中写道："在改变自己心态的瞬间，人生就出现了转机。此前的恶性循环被切断，良性循环开始了。在这个经验中，我明白了一个真理，就是人的命运决不是天定的，它不是在事先铺设好的轨道上运行的，根据我们自己的意志和行动，命运既可以变好，也可以变坏。"

这段话其实和袁了凡的故事说明的是一个道理。很多人一生庸庸碌碌，不是不想变好，也不是太笨变不好，而是发心有问题。比如说，有个人一心想通过投资致富，却连经济学、金融学的书都懒得看，不敢承担风险，只知道整天幻想一夜暴富，指望投资虚拟货币发财。这就是典型的发心有问题。

创造互利的协作关系，满足用户的需要，为社会创造价值……这样的发心，才有可能最终获得回报。

在佛家有一句话，叫"菩萨畏因，凡夫畏果"。这里面的因果说的不是我今天踩了别人一脚，明天别人会踩我一脚，这太庸俗了。这句话说的是，修行境界高的高人，他们害怕的是当下的发心发错了，最终会招来不好的结果。而凡夫俗子只是害怕不好的结果，而没意识到，如果发心有问题，就会导致不好的结果。

那些颓废的人，还有那些幻想一夜暴富的人，都是把因果关系给弄反了。颓废的人他觉得未来的结果是确定的，所以我当下做什么也是那个结果，不如什么都不做。那些幻想一夜暴富的人，他们只想着结果，却不关注当下自己在种什么因。

那么，怎么办呢？其实就一个办法：专注于当下，把手头的每一件事做到极致。栽好梧桐树，凤凰自然来。做好当下的每一件事，你想要的结果自然会来。

不逼自己一把，你永远不知道自己有多强大

离职被家里人拦下来之后，稻盛和夫答应家人，再安心工作一年。他不愿意混日子，就决定利用这一年时间做点事情。

因为大学的时候学的是化学专业，所以稻盛和夫一直在研发部门工作。这一次，他干脆把铺盖搬进了研究室，开始埋头搞研究。

一开始，同事都觉得他是个傻子。船都要沉了，你一个人拼命划桨有什么用？但是企业的领导不是傻子，他们看到如此爱岗敬业的员工，内心十分欣喜。董事长就为他的工作态度而感动，前来慰问他。

碰巧那段时间，公司接了松下电器的一笔订单，要生产一种零部件。这个活自然就分配给了稻盛和夫。

然而，生产的时候，原材料出现了问题。稻盛和夫天天想着原材料，都着魔了。有一天，他经过实验室，因为想问题想得太投入没有看路，被一样东西绊了一跤，差点摔倒。他低头一看，有一块松脂一样的东西黏在了鞋底上。一问才知道，这是石蜡。稻盛和夫灵光一闪，尖叫一声：就是这个！后来，他把石蜡和原材料混在一起，问题解决了，零部件顺利完工。

稲盛和夫一生都是如此，一旦开始做一件事情，就像着魔了一样，无比投入。后来，稲盛和夫的助手回忆，每当实验结果符合预期的时候，稲盛和夫就会像小孩子一样手舞足蹈。

对于这种状态，稲盛和夫有一个解释，叫"解决问题的答案总是在现场"。就是当一个人以不服输的高度热情投入产品研发之中，在对其进行全然的审视、倾听、专注当中，往往会听到"产品的私语"，找到解决问题的办法。

日本人都喜欢将很多事物提升到"道"的境界，稲盛和夫的这种精神应该是一种"研发道"吧。

稲盛和夫的研发成功了，松下电器便开始追加订单，公司的状况开始好转了。

一看公司开始有起色了，原来那些混日子的人就迫不及待地要求涨工资。一开始，只是个别人在闹，后来就演变成了大罢工。

这个时候，稲盛和夫面临着一个艰难的抉择：是否继续生产？如果继续生产，其他人在罢工，而你在偷偷工作，你就成了工贼，以后无法和同事友好相处了。但如果停止生产，就会失去松下的订单，公司的处境肯定会雪上加霜。

怎么选？估计很多人会选择加入罢工队伍。虽然继续生产可以创造利润，但利润和你关系并不大，你依然只是一名拿死工资的普通员工。而且，一旦得罪了其他同事，以后就无法在这个公司待下去了。

然而，稲盛和夫是一个专注当下的人，他只考虑做好手头的事情。于是，他顶着"公司的走狗"的骂名，不但自己坚持生产，还规劝同部门的同事："如果丢了松下的单子，公司肯定就会破产，到时候不要说工作和奖金了，我们连基本的生活都无法保障。"在他苦口婆心的规劝下，总算有几个同事愿意和他一起继续生产。

因为罢工的工人在公司大门口设置了哨卡，一旦进入公司就很难出来，于是稻盛和夫把手头的钱全部花光，购买了大量罐头和应急燃料，在公司吃住，没日没夜地生产。

生产的问题解决了，发货又成了问题。稻盛和夫有一个同部门的女同事，因为不方便住在公司，每天照常上下班。于是，稻盛和夫让女同事每天早上在公司后面的围墙处等着，他将偷偷包装好的产品抛出去，然后女同事整理好了统一发货。值得一提的是，这个帮忙发货的女同事，后来成了稻盛和夫的妻子。

一开始，稻盛和夫被很多同事指责和攻击，但是他确实为公司赚钱了，每个员工的工资和奖金也有着落了。所以，这件事情后来也就慢慢平息了。

稻盛和夫成为了最终的赢家。他不但收获了部门同事的心，还得到了公司高层的欣赏。

后来，稻盛和夫的新上司是个外行，还总排挤打压他。他的几个同事就跑到他的宿舍，建议稻盛和夫创业，他们愿意跟随他。

稻盛和夫的前任上司青山政次也很喜欢稻盛和夫，不但逢人便夸赞稻盛和夫，还为他到处拉投资。最后，青山政次筹集到了300万日元作为启动资金，和稻盛和夫以及几个同事一起创办了"京都陶瓷"，也就是京瓷集团的前身。

从此，稻盛和夫不用再受制于人了，他就像困龙入海，可以放开手脚，自己做一番事业了。

在京都陶瓷，稻盛和夫基本上就只做两件事：开发客户和研发。

新企业创立之初，最要紧的便是争取订单。稻盛和夫一个人跑遍了日立、东芝、三菱电器、索尼这些大公司。大公司跑完了，他就去跑小厂家。有一年冬天，他和同事去偏远地区拜访一家电阻器厂商。天气十分寒冷，积雪很深，他们好不容易赶到那里，结果还吃了个闭门羹。回去的时候，稻盛和夫和同事在车站旁的火炉烤火，因为天气太冷被冻僵了，他靠火炉太近，大衣被烧着了都没有发现。

稻盛和夫跑客户和一般人跑客户不一样。谈判的时候，对于对方提出的要求，他喜欢先痛快地答应下来，然后再回去玩命地研发，直到做出成品。

万事开头难，大单子和容易做的单子，都被大公司承包了。作为小作坊的京都陶瓷，只能接大公司懒得做、不赚钱的小单子。

有一次，对方出价5万日元，想做一种陶瓷蛇管。这个价格十分诱人，稻盛和夫就一口答应下来了。结果回公司之后，稻盛和夫和青山先生一算账，发现这个订单非常棘手。这个产品很多大公司都拒绝了，说明难度非常之大。但是既然答应下来了，跪着也得做完。

经过无数个昼夜的奋战，稻盛和夫攻克了无数个难关，只剩下一个问题：干燥。他们公司太小，没有专门的干燥室。如果随便烤的话，蛇管很容易开裂，成品率不到20%。

最后，为了将这些蛇管烘干，稻盛和夫就睡在炉子边上。整个晚上，他像父母看顾婴儿一样守到天亮，最终把成品率提高到了80%。

就这样，通过不断地逼自己一把，稻盛和夫拿下了一个又一个订单，促成了京瓷的发展壮大，最终成就了一家伟大的公司。

因为效率高、出货快，京都陶瓷声名远扬，稻盛和夫在日本企业界的地位也就奠定了。然而，稻盛和夫从未懈怠。八年之后，稻盛和夫当上了社长，还在和员工夜以继日地研发，经常忙到早晨5点才回宿舍休息，睡两个小时后就起床去开7点的早会。

阿米巴经营：让员工成为创业者

当然，如果一直这么发展下去，稻盛和夫也就只是一个勤奋的企业家，无法达到后来的高度。他真正厉害的地方在于，他把自己那套专注力的精神细化成了一种制度。这种制度就是"阿米巴经营"，这是稻盛和夫带给世界的宝贵财富。

稻盛和夫经常说一句话："中小企业是个脓包，长大了就会破。"因为很多中小企业在创业之初，基本都能齐心协力，为了公司发展而努力。但是公司做大之后，所处的环境变了，人心也就变了，就会出现一些问题，最终导致公司走向衰亡。很多中小企业都死在了这一点上。

其实，稻盛和夫自己就经历过这种事情。京瓷创立之初，公司员工热血沸腾，表示不管公司遇到多大的困难都会坚持到底，发誓与公司共进退，还一起按血印表决心。

但是，随着订单越来越多，员工经常通宵达旦地加班，忙得不可开交。而且，为了扩大生产能力，稻盛和夫会把员工的奖金拿来垫付成本，这样一来，员工就经常无法按时领到奖金。在前几年，员工们满是干劲，还能够忍受，但是到了第四年的时候，他们实在受不了了。11名新员工联合起来向稻盛和夫提交了一封请愿书，要求公司保证以后定期加薪和发放奖金，否则他们就集体辞职。讽刺的是，这11个人当初也集体按了血手印。

这次罢工事件，让稻盛和夫焦头烂额。他和这11个人谈判了好几天，最后直接放狠话："明年要是不加薪，你们直接杀了我！"这样才把罢工弹压下去。

自从罢工事件之后，稻盛和夫开始反思。当下有几个问题亟待解决：第一个问题，员工的生活确实要保障。人家累死累活，不就为了养家糊口吗？第二个问题，稻盛和夫根本没想到公司能做到现在这个规模。京瓷创立之初，隔壁有一家生产汽车修理扳手的小公司，他觉得能做到那么大就满意了。如今，公司已经发展到150人了。公司一大，老板连很多员工都不认识了，长此以往，就会出现人浮于事等一系列的问题。

相对而言，第一个问题比较好解决，无非就是提高员工待遇，激发员工积极性。

有一年，京瓷公司拿到了一个奖，得奖的其他四家公司都把奖金投入研发，稻盛和夫则把这笔钱用来举办庆功会犒劳员工。

同时，稻盛和夫也很注重激励员工。比如，有一次稻盛和夫说，如果销售额突破10亿日元，全体员工就去夏威夷旅行。有员工跟着起哄："如果没到10亿呢，比如9亿能去哪儿？"稻盛和夫就说："如果达到9亿就去香港。"结果，销售额是9.8亿日元，于是1300名员工就去了香港旅行。

有一年公司财政遭遇危机，预定的旅行无法成行，稻盛和夫就给员工发放了临时奖金，以示安抚。

为了让员工安心工作，稻盛和夫向大企业学习，绝对不裁员。

在平时，稻盛和夫也积极和员工打成一片。他担任社长之后，有一段时间销售业绩不太好，销售负责人愁得大把掉头发。稻盛和夫看着于心不忍，就提议说："要不你干脆剃光头算了，要是你一个人不好意思，我陪你一起剃光头。"于是，公司的两个高管顶着光头一起上街推销，一起参加讲座和展销会，虽然有点另类，但却给了员工一种公司上下休戚与共的感觉。

然而，这些方法都是表面功夫，治标不治本。要想让京瓷发展壮大成为一家大公司，就必须要解决第二个问题，杜绝人浮于事的情况。稻盛和夫的对策是：把所有员工变成经营者，让他们自己对自己的行为负责。这就是阿米巴经营。

阿米巴是一种单细胞动物，通过细胞分裂不断扩大。阿米巴经营，就是让整个大公司按照工序、产品类别细分为若干个小组，让他们像一个个小公司一样经营，独立核算。等这个部门做大之后，再下放，变成新的小组织。

　　这个方法的效果非常明显，带来了三个奇效。

　　首先，每个部门实行独立核算后，公司每天的收入和支出清清楚楚。这样有利于管理者掌控全局，及时调整公司的方向和政策。

　　其次，原来这些大企业只有一个财务部门，财务报表非常复杂，很多人都看不懂。稻盛和夫在京瓷推行了一种账本，只要识字就能看明白。从此，每个部门每天都出这么一个账本，公司从基层到高层对公司的情况一目了然，哪个部门做得好，哪个部门偷了懒，哪个部门出现了什么问题，一眼就能够看得出来。如此，人浮于事的现象就不会出现了。而且，公司高层每天只需要看几张表就可以了解公司经营状况，省时省力还高效，真可称得上是垂拱而治了。

　　再次，大大提升了员工的凝聚力和干劲。这是最重要的一点。这个方法的本质就是让每个人成为创业者，每个人对自己负责。从此，每一名员工都觉得公司的利益就是自己的利益，一切都以公司为重，再也没有人得过且过了。

　　有一次，京瓷新开了一家分工厂，很多员工赶去参加开工典礼。不巧的是，那天正好下起了瓢泼大雨，大桥停止通行，要想过河，只能徒步穿过一条湍急的河流。在大雨中，一名赶路的女士不顾危险，坚持要过河。稻盛和夫劝阻她，但是对方不听，说一定要去参加一个开工典礼。一打听才知道，原来这是京瓷的员工。

　　由此可见，当时的京瓷真的是上下一心，为了公司，员工可以拼上性命。试想，这样的公司怎能不红火？这样的管理怎能不轻松？

京瓷之所以能在日本经济不景气的时候依然能够迅速发展，就因为他们做到了全员营销。很多刚从一线下来的员工主动去拜访客户，嘘寒问暖，尽其所能地提供帮助，和客户一起解决问题。用这种方法，京瓷拿下了不少订单。

所以，阿米巴经营模式，才是京瓷成为世界五百强的秘密，因为它形成了一种有效的秩序，不断地自我生长。如今，世界上有3000多个阿米巴组织。

利他主义：利他终利己

阿米巴经营的背后，其实也有稻盛和夫的一套哲学在里面。这套哲学也是从高僧大德那觉悟来的，就是"利他主义"。

我们通常理解的商业，都是自私的。因为从亚当·斯密在《国富论》讲"看不见的手"开始，都是在讲利己。他有一句经典名言："面包师傅卖给你面包，不是因为他仁慈，是他想赚你的钱。"做生意，无非是为了利益。

然而，对于稻盛和夫来说，他思考问题的逻辑是从发心开始的。既然讲求发心，当然不能基于自私发心了。

但是，这么做不是违反了基本的商业逻辑——利己吗？不妨先来了解一下稻盛和夫的"利他主义"哲学。

我们通常理解的利他主义，都是做慈善，毫不利己专门利人。稻盛和夫一生也确实做过不少慈善：他捐出了自己持有的京瓷股份和现金200亿日元，并成立了基金会，大力资助艺术、体育、教育；为了促进家乡的就业，他特意在老家鹿儿岛设立了分厂；他还设立了"京都奖"，褒奖那些做出突出贡献的研究人员。

这些慈善事业，很多富人有钱之后也会做，但是稻盛和夫的境界比他们高。他的利他主义，用《金刚经》里的话说，叫"无住相布施"。就是秉承着帮助别人的原则来发心，而且不用刻意表现出来，实际上最后会成就自己。这其实是一种经营企业的思路。本质上不偏离商业，但发心是从利他主义来发心。

有段时间，京瓷公司想要拓展业务。稻盛和夫觉得仿制珠宝是一个不错的方向。他和团队花了整整五年时间，最后把仿制宝石研制出来了。

稻盛和夫无比兴奋，但是他拿不准主要消费群体的心理，就去拜访华歌尔公司社长塚本先生。华歌尔公司主要生产女士内衣，所以塚本先生非常了解女性心理。听完稻盛和夫的介绍之后，塚本先生也很激动，认为仿制珠宝大有可为。但是几天之后，塚本先生又回来找稻盛和夫，态度发生了180度转变，一开口就断言："稻盛，你这个绝对卖不出去哦！我和那些阔太太聊了聊，她们都很愤怒，我们只买真宝石，你做假宝石，那我们这些买真宝石的不就亏了吗？"临走前，塚本先生一再叮嘱稻盛和夫："稻盛，你这样不行的，会招女人恨的。"

但是听了这个说法之后，稻盛和夫反而更有信心了。这说明仿制珠宝确实可以做。著名经济学家熊彼特曾经说过："所谓的经济发展，就是女王穿的丝袜，女工也能享受。"商业的本质其实是普惠的。虽然阔太太不开心了，但是大量想买珠宝却又买不起的普通人，可以因为他们的技术戴上珠宝，从而愉悦自己。

结果，经过一年多时间的推广，京瓷的仿制珠宝不仅在日本大获成功，还成功打入了美国市场。

这就是典型的用利他主义发心来做企业的思路。到后来，利他主义就成了稻盛和夫创建伟大企业的重要原则。

随着公司的不断发展，京瓷的体量慢慢也遭遇了瓶颈，很难再有大的提升。这个时候，如何突破瓶颈？稻盛和夫的做法是通过不断合并和收购企业来进一步扩大规模。这一点和如今的阿里巴巴以及腾讯类似——公司发展到一定规模以后，会通过收购其他公司来做大、做强自己。

但是京瓷公司有个不一样的地方，它从来不主动并购。用稻盛和夫的话来说就是："受人所托，一心想去帮助对方的员工，并且十分珍惜这种缘分而已。当然，作为企业的最高层，我并非感情用事，而是看清对方企业高层的人品，公司的风气以及考虑到合并后的影响等多方因素才做的最后决定。合并后的每个公司在重建的时候都经历了无法言说的辛苦。但是我始终坚信帮助对方的企业员工是一件善事，并且坚持到了最后，正因如此，我才有了现在的福报。"

他是这么说的，也是这么做的。

1979 年，Trident 和 Cybernet 工业深陷经营危机，向稻盛和夫求助。然而，这两家企业是做电子仪器产品的，和京瓷的业务没有什么关系。

一开始，稻盛和夫也没考虑过接手，但对方社长不断恳求，最后他决定收购。后来，他用阿米巴经营法改造这两家公司，很快扭亏为盈了。从此，京瓷也有了做电子设备的业务部门，后来还开发出了笔记本电脑、激光打印机之类的产品线。

在兼并 Cybernet 的过程中，有一个朋友见识到了稻盛和夫的能量，便又给他介绍了一家公司。公司名叫雅西卡公司，主营相机业务，虽然之前很有名气，但当时濒临倒闭。

稻盛和夫接到了这个求助也很忧愁，毕竟他不是有求必应的神。他就去圆福寺向法师诉苦。法师开导他说："人的身上有一种东西叫作气势，现在京瓷与你正是气势正劲之时，助人一臂之力，有何不可？"

稻盛和夫觉得很有道理，既然发心得利他，就助人一臂之力好了。他收购了雅西卡公司，并用阿米巴经营法搭建销售体系、研发产品。

通过成功收购几家濒临破产的企业化腐朽为神奇，稻盛和夫的名声远播，那些快倒闭的技术企业纷纷前来求助。稻盛和夫则一一施以援手，收购之后用阿米巴经营法进行改造，很快就扭亏为盈。就这样，京瓷越做越大，越做越强。稻盛和夫也因此奠定了自己经营之圣的地位。

这就是稻盛和夫的故事，一个得道之人的故事。

在人的一生中，支持着我们做决定的基本逻辑就是自己信奉的人生哲学。哪怕是荒村野佬，他们也会信奉某种人生哲学。成就稻盛和夫的，也正是他的利他主义的人生哲学和经营哲学。"小成靠术，大成靠道"，说得一点没错。

每个人总有难熬的时刻，总有痛苦乃至绝望的时候，也总有迷茫的时候。如果某一天，你碰巧也遭遇了这种时刻，我觉得不妨想想稻盛和夫的方法，说不定能够帮我们渡过难关，提升自己的人生境界。

第十章
霍华德·舒尔茨：实现财务自由之路

　　星巴克是全球知名的连锁咖啡店，创立于 1971 年。星巴克的成功，离不开它的创始人霍华德·舒尔茨。我们可以通过他的故事，明白星巴克为什么能够如此成功，进而了解获得财务自由的途径和逻辑。每个人都有自己的方式，当我们体验到了这种感受，就可以朝着财务自由的方向而努力。

　　霍华德·舒尔茨出生于 1954 年，和王石、任志强这一代企业家属于同龄人。他出身贫寒，父亲当了一辈子苦力，而且没有社保，是一个纯粹的体力劳动者。因为家里穷，霍华德·舒尔茨在上大学之前连一家像样的餐馆都没有去过。因为家里出不起学费，所以霍华德·舒尔茨完全是靠着助学贷款上完了大学。

　　这样的情况在美国很常见，很多大企业家最初都是这样的穷苦出身。大学毕业之后，因为学校和专业都不太好，所以只能进入施乐公司，做了一名销售员。他的工作就是每天给客户打电话，还要经常上门推销，就像电影《当幸福来敲门》的主角所做的事一样。因为出身低微，他工作非常拼命，只用了 6 个月就成为了施乐公司的地区销售冠军。

由于销售业绩出色，很多公司想要挖舒尔茨，最后他去了一家瑞典公司的美国分公司，做了销售总经理。这一年他28岁，刚刚毕业6年，就已经把助学贷款全部还清了，并有了一定的经济基础。他交了一个女朋友，两个人一起养了一条狗，过上了美国中产白领的生活。每天除了工作之外，就带着女朋友去歌剧院看演出，或者参加派对，日子过得非常滋润。

如果他的生活一直这样继续下去，也许他就不会为人们所熟知了。就拿今天美国一线的互联网公司为例，即便做到了公司副总裁级别，拿着顶级年薪，也只是一个打工仔，不会有人特别留意。可是霍华德·舒尔茨是个闲不住的人，不甘心平淡地过完一生。这时，他开始规划财务自由的事情。最终，他用了大概10年时间，完成了人生的华丽转身。

所谓的财务自由，指的并不是有很多钱，可以到处旅游，还不用工作。有一本书叫《富爸爸穷爸爸》，主题就是财务自由，里面提到了一个很有意思的观点——为什么绝大部分打工的人，哪怕已经成为了世界五百强企业的高级副总裁，仍然没有实现财务自由？因为他们头上还有三座大山。

第一座大山，是公司的老板。为了赚取尽可能多的利润，老板会竭力压低员工工资，剥削员工的剩余价值。作为员工，如果没有期权和股份，只拿工资，那么赚到的钱就是有限而且固定的。而是否能拿到期权和股份，也要看老板的心情和你的利用价值。

第二座大山，是政府收的个人所得税。如果赚的钱是以工资的形式发放的，就必然要交税。而且收入越高，交的税就越多。

第三座大山，就是银行。很多高级打工仔也是房奴，虽然工资很高，但是很大一部分工资都用来还贷款了。大到房贷，小到信用卡，都会让人陷入债务之中，最后把自己的血汗钱交到了银行手里。

因此，只要头上还有这三座大山，就不可能实现财务自由。想要推倒这三座大山，第一步要做的，就是不要被人雇佣劳动。美国的很多成功人士，要摆脱束缚，实现财务自由，基本分为三步。第一步通常是被雇佣；第二步是获得期权或者股份，成为合伙人；第三步是建立自己的公司或者品牌，雇佣别人，自己成为老板。

霍华德·舒尔茨用了 10 年时间，完美地演绎了这个过程。

欲戴王冠，必承其重

当霍华德·舒尔茨还在做销售总经理，和女朋友过着舒适的日子时，他就开始盘算着找一份可以托付一生的事业。当时，他所在的这家瑞典公司，主要业务是为咖啡厅定制咖啡机。有一段时间，舒尔茨留意到了一个有趣的现象。有一家小零售商经常从他的公司定制一种特制的磨豆机，而且要求很高，甚至每一个零件都要重新设计。舒尔茨特别好奇，非常想知道这家咖啡厅为什么需要如此高级的咖啡机，于是就上门拜访。这家咖啡厅，就是星巴克的雏形。

严格说来，舒尔茨并非星巴克最早的创始人。前面说过，星巴克成立于 1971 年，而舒尔茨是 1982 年才加入的。这时，星巴克只是西雅图的一个地方咖啡品牌。西雅图位于美国的西北地区，在美国的西海岸，微软的总部和波音公司的总部都在西雅图。

当时，星巴克是一家小众咖啡馆，有些类似于今天北京三里屯附近的文艺咖啡馆，顾客都是一些咖啡爱好者。星巴克的老板以为舒尔茨也是咖啡发烧友，就非常热情地接待了他，带他到处参观。后来他才发现，原来舒尔茨是打算来投资的。

星巴克有 3 个创始人，分别是杰瑞、戈登和西格。舒尔茨来考察的时候，负责接待的是杰瑞。杰瑞不仅带舒尔茨参观了整个咖啡馆，晚上还请他去一家意大利小酒馆吃饭，介绍星巴克的发展史。在3个创始人中，杰瑞和戈登是深度咖啡发烧友，尤其是戈登。在创办星巴克之前，为了购买某种咖啡豆，他经常开3个小时的车去加拿大。因此，他对咖啡的品质要求特别高。

西格和戈登是大学时的室友，当戈登和杰瑞打算一起创业时，就拉上了西格。三人凑了1500美元，又从银行贷款5000美元，一起开了这家咖啡店。因为他们都是咖啡爱好者，因此即使赚不到很多钱，能保持自己的爱好，还能有一个和朋友聚会的地方，也是不错的。这就他们创立星巴克的初衷。当然，那个时候的星巴克不出售咖啡饮料，只卖咖啡豆。

和舒尔茨吃饭的时候，聊着聊着，杰瑞突然变得情绪低落。舒尔茨很纳闷，他原本以为创建这样一家小而美的公司，会感到非常快乐。事实上，杰瑞他们遇到了难题，公司刚成立的几年里，业绩一直不好。

就在他们开业的第二年，西雅图的波音公司因为经营困难而大面积裁员，从10万人裁员到3.8万人。在他们创业之初，当地的平均咖啡摄入量是每人每天3.1杯。因为波音公司裁员，当地人的消费能力下降，咖啡的消费量一路下滑，连1杯都不到了。这种情况持续了好几年，直到现在都没有完全恢复过来。

但是，星巴克也很幸运，因为经济的大萧条带来了两个红利。

一方面，因为经济不景气，房租也跟着下降，因此很多店面的成本也降低了。

另一方面，危机也是转机。经济不景气虽然让一些企业破产了，但是那些优秀的企业会存活下来，最终完成对用户的消费升级。这就是美国的供给侧改革。原来美国人都喝速溶咖啡，从那时开始，很多人追求改善生活质量，自己磨咖啡豆、煮咖啡。因此，星巴克的生意越来越好。

舒尔茨最终决定加入星巴克，除了这两点之外，还有一个很重要的原因。他发现，这家咖啡店和其他咖啡店有一个很不一样的地方，就是这里的人都把咖啡当作宗教一样崇拜，对每一个环节的要求都很细致。这是杰瑞最初为星巴克奠定的基调：第一，公司必须代表某种意义；第二，不仅要向顾客提供他们想要的，还要提供他们完全意想不到的、令人兴奋的东西，这能够让顾客和公司融为一体。

舒尔茨听到这种理念之后，感到非常兴奋。当天晚上，他就给女朋友打电话，决定从原来的公司辞职，加入星巴克。这是一个重大决定，也是一个冒险的决定。舒尔茨原来的年薪是 7.5 万美元，在纽约过着不错的生活。但是，如果他加入星巴克，就要从底层店员做起。对于他的消费水平来说，店员的微薄薪水相当于没有薪水。

而且，舒尔茨原来住在美国东海岸，要加入星巴克的话，就要搬到西海岸生活。舒尔茨的女朋友雪莉是一位家具设计师，在纽约有着良好的人脉资源和发展前景。如果去了西海岸，一切都要重来。好在雪莉是个企业家的女儿，知道建立一家企业是一件多么了不起的事情，所以为舒尔茨做出了重大牺牲。最感人的是，在经历了诸多磨难之后，雪莉和舒尔茨结婚了，成为了终身伴侣。雪莉在舒尔茨的生活中起着非常重要的作用，一直是他的坚强后盾。

可是，舒尔茨虽然得到了家人的支持，却在杰瑞这里碰壁了。杰瑞认为，和舒尔茨做朋友是没问题的，但是要想变成合伙人，需要好好考虑一下。舒尔茨费了很大的劲说服了杰瑞之后，余下的两个人还是非常犹豫。他们觉得，舒尔茨描绘的远景太大了，和他们创业的初衷不符。他们最担心的是，一旦公司做大了，星巴克就会变质。

舒尔茨在电话里和杰瑞整整聊了一夜，杰瑞感到非常不好意思，就让他继续等消息。第二天，杰瑞告诉舒尔茨，他的诚意感动了另外两个人。三人同意让舒尔茨加入，给予他一小部分股份，而且几乎没有工资。舒尔茨感到非常开心，因为他终于有了一份可以全身心投入的事业。更重要的是，他得到了甩掉头顶的三座大山的机会。

于是，在1982年7月的一天，舒尔茨和雪莉把家里的东西打包装车，带上了自己的狗，驱车3000多英里，横穿美国到达西雅图，开始了崭新的人生。

创业总是艰难的。一开始，舒尔茨要从最苦最累的基层工作做起。同时，因为他是股东，还要参与公司的决策，背负着很大的压力。他心里满怀希望，想要让星巴克迅速壮大。他觉得，星巴克想要发展，除了不断新增销售咖啡豆的分店，还应该有其他的业务方向。有一次，舒尔茨去意大利旅行，喝到了一杯意大利浓缩咖啡。当时，美国人没多少人喝拿铁咖啡和意大利浓缩咖啡。舒尔茨就试图说服杰瑞，想在星巴克卖咖啡饮料。

杰瑞没有同意舒尔茨的建议。因为他一开始就警告过舒尔茨，他们几个创始人不想把公司做大，只想做一家小而美的公司。要专注，不能盲目地扩大产品线。当时，在咖啡豆发烧友中，有一个叫阿尔弗雷德·比特的精神领袖，比特的公司正在挂牌出售，而杰瑞等三人都是比特的粉丝，因此他们想收购比特的咖啡豆公司。

这时，我们可以想一想，移除头顶三座大山的第二步。到了这一步，个人的财富会随着公司的发展一起成长。但是弊端在于，个人没有主控权，任何事都要与合伙人商量。如果合伙人和自己的理念不一致，就会非常麻烦。事实证明，收购咖啡豆公司是一个昏招。两家公司虽然都在美国西海岸，但是一个在西雅图，一个在旧金山，导致咖啡豆的运输成本居高不下。而且最关键的是，两家公司的企业文化完全不同，无法相互融合。于是，在收购当年，公司就亏了一大笔钱，连奖金都无法按时发放。

员工因此组织了罢工，还成立了工会，整天和公司打官司。

这时，就体现出了舒尔茨的独到之处。因为他是销售出身，非常懂得说服别人。而且他明白，想要让别人接受自己，就得按照对方的规则来，只是在过程中要多强调自己的意思，直到说服对方。舒尔茨想，杰瑞等人能接受的方案是多开店，于是他就游说三人，要求多开分店，共同渡过这次危机。在他的反复建议之下，公司终于同意开了第六家分店。

这家店名叫独立日与春天，由舒尔茨负责。舒尔茨开始在这家店里尝试卖咖啡饮料，也就是意大利浓缩咖啡和拿铁咖啡。结果谁都没想到，在没有做任何宣传的情况下，有 400 多人来店里购买咖啡。

虽然这一次业绩非常好，但是杰瑞等三人还是把舒尔茨的成果否定了。他们认为，这样会把星巴克变成一家餐饮公司，有悖于公司成立的初衷。这种情况，明显属于创始人理念不同。继续争论下去，可能会彻底撕破脸。而且这时舒尔茨已经投入了全部身家，如果放弃，无法向家人交代。

在舒尔茨加入星巴克的第三年，也是他人生最低谷的时候，一次打球的时候，他认识了一个律师。这个律师专门给企业做投融资咨询，和舒尔茨聊得十分投缘。舒尔茨这时再次发挥了销售发面的天赋，成功说服律师相信自己的创意。律师主动表示愿意投资，劝舒尔茨从星巴克辞职，独立创业。

这对于舒尔茨来说，是人生中最重大的决定。只要过了这一关，就走完通往财务自由的三个步骤，可以实现自己的理想了。现在有这样一个机会，应不应该把握住呢？当时雪莉怀孕了，这就让舒尔茨内心更加纠结。创业是要坚持很久的，而且最后可能血本无归，一无所有。

由此，我们可以明白一个非常重要的道理。人在变得越来越富有的过程中，如果不是亲身经历了一路上的挑战，是不会得到相应的体验的。

这种体验就是，能扛住的事情越大，坚持的时间越久，获得的成就才会越高。换言之，当你正走在一条增值的路上，随着价值不断变高，要扛住的事情也越来越大，要承受的代价也越来越大。正所谓，欲戴王冠，必承其重。

要想明白这个道理，还可以从王东岳先生的《物演通论》里找到解释。简单地说，在进化过程中，高级动物要比低级动物承受更大的代价。因为随着生物的进化，需要的依存条件也越来越多。越是简单低级的动物越容易存活，而越高级的动物想要存活下来就越难。比如，蚂蚁和蚊子根本不需要有房子，但是人类就需要。很多虾类和鱼类，每次产卵的数量上亿，可是一个女性一生最多只能生几十个孩子，而且分娩的过程非常痛苦。

用同样的角度看人类社会，也是如此。越是生活在社会底层的人，需要的生存条件越低，只需要吃饱饭就可以了。但是如果你的生活水平提高了，就需要有一座房子。如果生活在大城市，还会要求更好的教育设施和医疗资源。因此可以说，人生的价值越高，要承受的代价就越大。

比如说，一个装修工人几乎不可能欠别人 100 万，但是一个房企老板却有可能一夜之间负债几个亿。大家都知道如今做电影很赚钱，电影票房动辄数亿，但是也有可能因为某个环节出了问题，票房惨淡，最终亏损数亿。这就是代价。如果我们从这个角度思考人生，反倒可以找到一些进阶的方法。

舒尔茨也明白这个道理。他思考了好几天，最终下定决心离开星巴克，自主创业。这一年，他 32 岁。他成立了一家专卖咖啡饮料的连锁店，还为这家店取了一个意大利名字，叫"天天"。这个名字来自于一家意大利报纸，意思是每天看报纸、每天吃饼、每天喝咖啡。

这时候舒尔茨才发现，人生走到第三步的时候，需要承担的事情就更多更大了。他不仅要做决策，还要管理公司日常事务，同时要想尽办法为公司筹钱。

天天咖啡馆开张的那天业绩不错，来了300多名顾客，但是后来顾客就变得越来越少。很多人无法理解什么是意大利风格，生意越来越差。

舒尔茨非常善于描绘美好前景，计划开50家店，这就意味着他至少需要100万美元的资金。起初，他信心满满地去意大利融资。因为他认为自己的咖啡店是把意大利文化传播到美国去，这种情怀和理想理应受到支持。但是现实是残酷的，他失望而归，因为意大利人认为美国是文化荒漠，根本无法理解意大利浓缩咖啡的美好。

舒尔茨的资金链眼看就要断裂，这时一位内科医生出手了，及时帮了他一把。医生在美国属于高收入职业，手里有很多闲置资金。而且，这位医生非常喜欢投资创业公司。医生和舒尔茨聊得很投机，最终投资了10万美元，帮助他维持了几个月时间。在这期间，舒尔茨费尽心思融资40万美元，但是不到半年就花完了。

后来，舒尔茨把全部时间都用在了融资上，每天都出门见投资人。他计算了一下，那段时间他一共见了242个投资人，其中有217个人拒绝了他。每次公司到了最危险的关头，资金链即将断裂时，都会有人给他一些投资，让他勉强渡过难关。

舒尔茨坚持了两年，开了第三家分店的时候，公司总算盈利了。这时，他又遇到了另一个选择，如果这个选择做对了，他就会成为真正的人生赢家。因为就在这时，星巴克的3个创始人之间产生了巨大的矛盾，打算散伙。其中，戈登想要套现，改行做其他产业。杰瑞想要卖掉星巴克，追求自己的理想，专心采购咖啡豆。

这无疑给舒尔茨出了一个大难题，他知道这是一个千载难逢的机会。

他离开星巴克只有两年时间，自己的创业公司刚刚走上正轨，囊中羞涩。但是如果错过了这个机会，他就再也不可能做成一家像星巴克这样的公司了。而且当时他只有 3 家店，而星巴克有 6 家店，他没有足够的资本收购星巴克。

但是这一次，舒尔茨下定决定要完成收购。他倾尽全力融到了 400 万美元，顺利成为了星巴克的主人。收购成功的那一天，他没有到处宣扬，而是闭门和设计师商量了许久，最终决定两家公司合并之后，还是沿用星巴克的名字。

之后，经过 3 年的艰苦奋战，公司终于在 1990 年扭亏为盈，实现了盈利。1992 年，因为业绩良好，星巴克最终在纳斯达克上市。那一年，舒尔茨还不到 40 岁。再后来，他把星巴克变成了一家世界级的咖啡连锁机构。从一家只有 6 家店、100 名员工的地方品牌，做成了拥有两万多家门店和数十万名员工的跨国企业。最终，舒尔茨不仅完成了个人的人生逆袭，还创造了一个伟大的品牌。

这是舒尔茨给人的第一个启示：一个人愿意承受的代价越大，取得的成功可能就越高，人生的增值空间也就越大。

从理想主义者变成生意人

舒尔茨的第二个心法，就是想要实现人生的增值，就要完成另外一种转换。要从做自己喜欢的事情，到做别人喜欢的事情。换一种更简单直接的说法，就是要从一个有理想的人，变成一个会做生意的人。很多人都想自己开店，那么开店都需要注意哪些问题呢？这一点，可以从星巴克最初的 3 位创始人说起。

这 3 个人都是美国的文艺青年，其中杰瑞是文学爱好者，戈登是一个作家，西格是一位历史老师，出生在音乐世家，他的父亲是西雅图交响乐团的首席小提琴手。这3个文艺青年在创立星巴克之前就一起做过很多事，比如拍电影、写作、做广播电台、研究古典音乐，还一起做过一档美食专栏。其中，杰瑞很喜欢精酿啤酒，自己开了一家小型酿酒厂。

文艺青年创业，有一些独特的优点，是其他人无法复制的。这些人的追求和生活调性很高，而且做的事情都是出于真爱，因此特别有工匠精神。他们一起创办星巴克，做烘烤咖啡豆的生意，就体现了他们的情怀和理想。

他们的精神领袖比特也不简单。比特是荷兰人，出生于一个咖啡世家。他父亲是卖咖啡的，他从小就看着父母一起煮咖啡。他的母亲手里永远有3只管子，按照不同浓度把咖啡分类再装罐。

比特继承了荷兰人"海上马车夫"的光荣与梦想，成为了一个博物学家。所谓博物学家，是欧洲一个悠久的历史传统。有一群人热爱研究各种植物和动物，还试着把它们从原产地迁移出去，看看在别的地方是否可以生存。达尔文就是一个博物学家，他当年就是在周游世界的时候发现了一种地雀，才提出了进化论思想。

比特在前半生四处游历，寻找各种神奇的咖啡。他去过印度尼西亚、东非和加勒比海，就是为了寻找梦想中的咖啡豆，再把这些咖啡豆引进到美国。比特到美国时，大概是1966年。当时美国人喝的都是速溶咖啡，对咖啡豆也不怎么讲究。杰瑞和戈登成了比特的狂热粉丝，每年都从比特那里订购咖啡。

后来，3个人创立了星巴克，戈登和杰瑞就时不时地去比特的咖啡店打工，学习比特的咖啡知识。他们一切都向比特看齐，店里使用的烘焙机就是从荷兰进口的。他们还做过不少有仪式感的事情，比如在一间海边的老房子里组装烘焙机，就像是拜物教一样。杰瑞把全部的心血都用在了烘焙咖啡豆上，他甚至发明了一种咖啡豆烘焙法，叫作"正规都市烘焙法"，成为了星巴克独有的烘焙方法。

星巴克的品牌内涵，也是这3个文艺青年一起想出来的。

星巴克这个词，来源于小说《白鲸》。《白鲸》是美国人的精神象征，诞生于美国的西进运动达到最高潮的时候。它代表的是一种开拓、发现和征服大自然的精神。星巴克是《白鲸》里的一个大副的名字。因此，绝大部分美国人见到星巴克这个词，就会有印象，觉得很熟悉。这就好比中国开了一家店，名叫"薛宝钗茶楼"，你就知道这个名字是从红楼梦里来的。

星巴克的logo，也是最初的3个创始人一起创造的。这个logo上面画的是塞壬女妖，是古希腊神话故事中的人物。塞壬女妖有着美妙的歌喉，只要听到她的歌声就会被吸引过去，然后被吃掉。星巴克logo上的塞壬女妖是从一幅19世纪的挪威画作上摘下来的——只有文艺青年才能做出这样的事。

通过星巴克的名字和logo，我们可以知道，这几个文艺青年想要走的是航海风，他们在设计店铺时所有的元素都和航海有关。他们开的第一家店里所有的摆设都是手工制作的，其中有陶瓷的碗和木质的架子，还有放咖啡的罐子都是航海风格的。总之，他们把星巴克变成了一家航海主题公园。顾客买的不是咖啡豆，而是大航海的故事。

可是，文艺青年创业虽然有独有的优点，也有自己的问题。他们沉浸在自己的工匠精神里，不懂得利用资本的力量扩大再生产，因此品牌始终无法做大，最后只能以散伙收场。

舒尔茨就不同，他创业时虽然也考虑品牌风格，但是最关心的还是如何把店开好。自从他离开星巴克创业，就遇到了一名优秀的合伙人。这个合伙人名叫戴夫，是一个加拿大人。起初，天天公司只有他们两个人。

戴夫是一个咖啡专家，也是比特的粉丝，身上有比特的精神。他去过全世界每一个产咖啡的国家，对这些国家的人文和地理都非常了解。

大家知道，出产咖啡豆的国家通常经济不发达，大部分曾经是殖民地。因为戴夫特别了解这些国家，后来还成为了星巴克的慈善大使。星巴克每年都会拿出一笔钱，让戴夫去做慈善事业。

戴夫之所以能够和舒尔茨保持长时间的合作，一个很重要的原因就是，他曾经在大学周边开过自己的咖啡店，一开就是 10 年。戴夫觉得开店本身比热情更重要，经营和管理比创意更重要。戴夫有一种传教士精神，希望自己坚持的东西能够广为传播，影响更多人。正因为如此，他虽然早就听说过星巴克，却一直等到舒尔茨单独创业之后，才选择和舒尔茨合作。事实证明，戴夫和舒尔茨两个人三观非常相合，他们的合作也很愉快。

前面说过，星巴克的 3 个创始人在刚开业时，十分注重追求原汁原味的风格。舒尔茨在创业之初，也走过类似的弯路。他也想复制原汁原味的意大利文化，在店里播放意大利歌剧，店员都要穿白衬衫、打蝴蝶结，所有的饮品单上写的都是意大利文。但是很快舒尔茨和戴夫就发现这种做法行不通，美国人根本就不接受这样的文化。于是，舒尔茨便就把过去的风格推翻了，选择尊重当地的传统文化。之后，他们每到一个地方开店，都会请当地的公关团队设计一个符合当地传统文化的标志，还请当地的顾客来参加星巴克之友大会。

作为一个商人，舒尔茨最大的梦想就是不断地开店，不断扩大店面。随着公司的发展，他把全部精力都放在了选择店址上。他并没有像杰瑞一样，只顾着研究咖啡豆。因为他早年在纽约工作，特别了解中央商务区的哪些地段人流量最大。所以舒尔茨最后只负责三件事：选址、设计店铺、拉投资。关于制作咖啡的事情，他全部都交给了戴夫管理。

后来，舒尔茨还提出了一个概念：第三空间。原本人们约会的时候都不会选择咖啡店，而是在连锁超市买咖啡，即买即走。但是舒尔茨发明了第三空间之后，就像今天我们看到的一样，人们社交和约会都喜欢找一家咖啡馆，然后坐下来聊天。

星巴克最早的3个创始人认为，塞壬女妖有一种吸引人的魔力，他们的咖啡也有这种魔力，能够把人们吸引过来。舒尔茨认为，他的咖啡馆也要这种魔力，于是他在自己的店里做了最严格的品控。我们今天去星巴克，第一个体验就是店里充满着浓郁的咖啡香气。这种香气与众不同，是星巴克精心设计出来的。星巴克店里不准吸烟，店员不准使用香水，而且不卖味道特别重的肉类，都是为了保持这种咖啡的香气。

这是一个懂市场、懂营销，并且把所有精力都放在店铺上的人才能想到的办法。这就是工匠和商人的区别。

不要等待别人成就你，要吸引别人成就你

舒尔茨身上的第三个心法是，如果想要实现财务自由，获得人生的升值，最重要的不要等待别人成就你，要吸引别人成就你。

舒尔茨最大的优点，就是很善于听别人的意见。这和文艺青年恰恰相反，因为很多文艺青年恰恰是听不进去别人的意见的。他们有自己的标准，很难被人说服。例如，舒尔茨在自己的传记中经常会提到，在星巴克发展到某个阶段时，得到了某个人给予的巨大帮助。这一点在其他人的传记中很难看到。

舒尔茨特别擅长发掘他人的价值，并且让这些人从他身上获得利益。舒尔茨刚刚离开大公司加入星巴克的时候，有一次去意大利参加展会。作为咖啡店的老板，自然要在意大利这个咖啡圣地好好考察一番。结果，

这次意大利之行，他除了品尝到了意式浓缩咖啡和拿铁咖啡之外，还有一个最大的收获——他意识到了一点：意大利的咖啡师傅和美国的咖啡师傅存在巨大的区别。在意大利，咖啡师傅都被当成工匠和艺术家。而在当时的星巴克，员工只是员工。他把这个情况和杰瑞等几个创始人反映过很多次，但是都没有收到积极的反馈。因为对于文艺青年来说，只需要坚持自己的理想就可以了，其他人的理想并不在自己的考虑范围内。

舒尔茨一直记着这件事，等到自己管理星巴克之后，就把这件事正式提上了日程。舒尔茨刚收购星巴克时，发现整个公司已经人心涣散了。很多员工本来是怀着一个做好咖啡的美好理想进入公司的，但是公司却被3个不坚持理想的人出售了，因此他们对舒尔茨的收购产生了强烈的抵触情绪。舒尔茨对此早就有所准备，于是他做了一个让所有人震惊的决定，要给所有兼职员工购买医疗保险。

这段时间正是星巴克最艰难的时候，公司业绩不佳，融资也时有时无，资金链经常断裂。而且那几年美国经济低迷，很多大公司都在裁员，侥幸没有被裁员的人，工资也降低了。可是舒尔茨居然逆潮流而动，不仅给员工开高薪，而且居然还要给兼职员工购买保险。

美国的保险费有多贵呢？从一个例子中可见一斑。在美剧《傲骨贤妻》里有一个细节。主角所在的公司里有一个调查员，因为喜欢接私活，只能做兼职员工。她在公司工作了5年，为公司立下了汗马功劳。这时，有一个新来的员工，愿意全职工作，于是公司为她购买了医疗保险。之前的调查员计算了一下，虽然她已经工作了5年，但是如果算上医保费用，新员工的工资就和她相当了。可见这笔保险费用的确是一个不小的数目。所以，舒尔茨提出这个想法之后，所有人都震惊了。尤其是公司的股东，他们都觉得舒尔茨疯了。

但是舒尔茨利用自己的销售本领，挨个说服了股东，让他们接受了自己的意见。这个政策执行之后，员工的流动率马上就降低了。当时，其他咖啡店的人员流动率是 400%，而星巴克的人员流动率只有 60%。杰瑞主导星巴克的时候，因为没有按时发放奖金，导致员工组成了工会，处处和公司为难。舒尔茨的政策推行之后，员工自发解散了工会。员工对公司有了归属感，工作状态也有了提升。

舒尔茨为兼职员工购买医疗保险，在当时的美国社会引起了轰动，可以说是一个新的商业发明。从来没有其他公司做过这样的事情，因为他们想的都是拼命降低成本，努力提高利润。这件事甚至惊动了白宫，克林顿在设计医改方案时，专门把舒尔茨请到白宫，让他传授经验。

但是对于舒尔茨来说，这还只是刚刚开始，他的梦想是让每个员工都成为艺术家，而不仅仅是获得归属感。从 1990 年公司扭亏为盈开始，他和高管们一起起草了《使命宣言》。为了这个宣言，大家闭门思考了 3 个月。舒尔茨为了让宣言能得到贯彻执行，还成立了一个使命评议组织，让所有员工把他们看到的高管违背宣言精神的事情都写在一张卡片上。

如果说《使命宣言》看起来像是面子工程，那么他接下来提出的计划就真的让人目瞪口呆了。因为这个计划，涉及真金白银。他打算让星巴克的每一个员工都享受期权，而且因为大家都是合伙人，所以不再称为雇员，而是称为伙伴。他为这个计划取名为咖啡豆股票计划。

这个计划公布之后，股东们纷纷表示反对。因为如果把期权分给员工，股东的股份就要被稀释了。但是，他们又一次被舒尔茨说服了。最后，很多员工都得到了公司的期权。从此之后，星巴克这家公司就好像打了鸡血一样。很多员工出差的时候甚至故意买半夜起飞的红眼航班，目的就是为了给公司省钱。因为，他们觉得这是自己的公司。

舒尔茨最重要的收获，绝不只是员工的忠心，还收获了员工贡献的无数好点子和好想法。星巴克后来的发展，通常都是自下而上进行改革。

星巴克一路走来，咖啡豆的烘焙工艺和主题风格是最早的 3 位创始人奠定的。售卖咖啡饮料和设立第三空间，是舒尔茨发明的。但是，星巴克后来的很多创意和创新，都是员工自发创造的。

例如，星巴克的拳头产品星冰乐，就是一个地方直营店的店长提出的点子。一开始，舒尔茨有些犹豫，因为他觉得这个产品不是咖啡，而是奶昔。但是这位店长十分坚持自己的意见，并且身体力行，用一辆小推车在星巴克店外售卖，取得了不错的销售成绩。股东们发现这个产品非常赚钱，就逼着舒尔茨接受这个建议。结果，在 1996 年这一年中，星冰乐就创造了 5500 万美元的销售额。直到今天，星冰乐依然在热销。后来，星巴克还发行过 CD，内容是店里的背景音乐，也卖得很不错，这个点子同样是一个市场经理想出来的。类似的例子还有很多，这说明星巴克的员工把公司当成了自己的公司，才积极建言献策。

当一家公司发展到这样的程度时，作为创始人，舒尔茨真正实现了财务自由。从舒尔茨身上我们能够明白，所谓的实现财务自由，实际上就是甩掉三座大山的过程。在这个过程中，有 3 件事是必不可少的。第一，选择承受的代价越大，获得成就的可能性就越高。第二，从做自己喜欢的事情，到做别人喜欢的事情。第三，从指望别人，到发明一种机制，让别人来主动成就你。舒尔茨的故事，只是千千万万个美国中产故事的一个。他最喜欢的人物是阿甘，用不太聪明的方式做别人喜欢的事，从不投机取巧，最后取得了成功。

六　日拱一卒，持续精进

第十一章
苏东坡：那些打不倒你的，终将使你更强大

苏轼，字子瞻，号东坡居士，因此我们总是把苏轼称为苏东坡。对于苏东坡，我们无比熟悉，在很多领域都能发现他的影子，几乎是无处不在。苏东坡和我们接触过的历史人物都不太一样。其他人身上都有一个相对固定的标签。比如，李白和杜甫是诗人，李清照和辛弃疾是词人，而冯梦龙和曹雪芹则是小说家。一提到这个人，我们就会自动用他身上的标签来理解他。但是，这种办法对苏东坡就不太适用了。

苏东坡写过很多诗，例如"横看成岭侧成峰，远近高低各不同""竹外桃花三两枝，春江水暖鸭先知""欲把西湖比西子，淡妆浓抹总相宜"，所以他可以被称为诗人。

苏东坡写过很多词，例如"大江东去，浪淘尽千古风流人物""但愿人长久，千里共婵娟"。这样说来，苏东坡还是一个词人。

苏东坡的文章写得也很好，前后《赤壁赋》流传千年，有"欧文如潮，苏文如海"的美称。所以，苏东坡是一名文学家。

据统计，苏东坡一生中写了2700多首诗词，4800多篇文章，在北宋所有文人中数量第一。直到南宋时，才被陆游超过了。从这个角度来说，

他身上的标签已经很多了。

因为标签太多，所以我们很难用一个标签来定义苏东坡。单从词人的角度出发，我们仍然无法给苏东坡贴上一个固定的标签。对于绝大多数词人来说，婉约派就是婉约派，例如柳永、温庭筠；豪放派就是豪放派，例如辛弃疾、陆游；还有的词人不属于任何派别，例如李清照，她的词风格固定，自成一派。但是苏东坡不一样，他既有婉约派的风格，例如"千里共婵娟""十年生死两茫茫"；又有豪放派的风格，如"左牵黄，右擎苍""谈笑间，樯橹灰飞烟灭"。所以，即使是从词人的角度来看，我们都无法给苏东坡一个准确的定义。

苏东坡的书法也是一绝。提及宋代书法家时，有"苏黄米蔡"之说，也就是苏轼、黄庭坚、米芾和蔡襄。这四个人代表了宋代书法的巅峰，其中苏东坡排名第一。

苏东坡在政治上也有一定影响力，我们在史书中可以看到与他相关的乌台诗案、王安石变法和元祐党人碑事件等。

苏东坡不仅是一个文学家和书法家，他还有很多逸闻趣事。我们能在"三言二拍"里看到他的故事，在《水浒传》里有他的身影，在各种野史甚至是佛家小故事里，也都有苏东坡的踪迹。有人甚至杜撰了一个苏小妹的形象，她喜欢给别人出难题，还喜欢写诗嘲笑苏东坡。事实上，苏东坡根本就没有妹妹。

苏东坡还是个美食家，发明了东坡四珍，其中最有名的就属东坡肉了。西湖十景中的苏堤春晓和三潭印月，也和苏东坡有关。

苏东坡身上的标签如此之多，以至于让人感到有些混乱。实际上，他这样复杂的身份，与他若干次大起大落的人生经历密不可分。想要理解发生在他身上林林总总、错综复杂的事件，就要先理解他的一生之中经历了哪些转折，内心的心境发生过哪些变化。只有弄懂了这些，才能看到一个完整的苏东坡。

苏东坡给这个世界留下了三张面孔，对应着三个不同的人生阶段。

第一张面孔：儒家君子

苏东坡的第一张面孔，是儒家的君子。

苏东坡祖籍四川眉山，出生在一个大知识分子家庭里。我们一说起宋朝，似乎就有这样的固有印象：宋朝官吏贪腐横行，国家积贫积弱。因为前有《水浒传》，后有金庸先生的小说，把宋朝描写得非常弱小，经常被少数民族欺负。但是，宋朝是我国历史上知识分子的黄金时代。

宋朝建国的时候，宋太祖为了打压骄兵悍将，制定了一个基本国策。他在祖庙里立了一座石碑，只有赵姓的皇族才能够看到，外人是看不到的。这个国策就是：不能杀害士大夫。所以我们可以从史书里看到，有宋一朝，没有一个士大夫是被朝廷杀掉的。

用钱穆先生的话说，宋朝的知识分子有圣贤气象。宋朝之前的儒生，类似今天的大学教授，是做研究的。他们研究孔孟之道，为圣人做注释。但是宋朝的儒生不这样想，他们普遍怀有"我就是圣人"的想法。

宋朝有一个著名的知识分子张载，写下了著名的横渠四句：为天地立心，为生民立命，为往圣继绝学，为万世开太平。能说出这样的话，代表他已经不再是大学教授，而是隐隐有帝王气象——我不是什么大学教授，我就是圣人。

这种局面是从什么时候开始形成的呢？正是从苏东坡的父亲苏洵那一代开始的。苏东坡和弟弟苏辙，则属于第二代。苏东坡作为第一代的直接继承人，才华横溢，年少成名。苏东坡的地方官名叫张方平，他就非常看好苏东坡。张方平把苏东坡推荐给了当时的宰相欧阳修，还送给他一笔盘缠，让他直接去都城汴梁参加考试，跳过了地方的几级考试。其实，张方平和欧阳修平日里有过节，关系并不好，但欧阳修丝毫不以为意，接纳了他推荐的苏东坡。

可能有人会认为，欧阳修是道德楷模，不会因为个人的原因而埋没人才。实际上，这是欧阳修和苏洵等宋朝第一代知识分子达成的共识。他们认为，既然遇到了一个空前的时代，我们就应该团结一致、精诚合作。虽然他们的政见不同，但是从来不搞打击报复。为了公事，大家可以争得面红耳赤，但是私下里都属于士大夫集团，要互相帮扶。这就使得他们在提拔人才时，没有党同伐异的芥蒂。这是那个时代的风气和共识。

这一代文人领导集体，还推动了著名的"庆历新政"。"庆历新政"有两个主题。

其中一个主题是要让国家多赚点钱。因为当时朝廷重视士大夫，公务员的工资太高，国家财政有些支撑不住了，想要想办法创收。

另一个主题与苏东坡有关，这就是古文运动。早在唐朝的时候，韩愈和柳宗元就发起过古文运动，但是中断了。到了欧阳修、范仲淹这一代，又准备重新启动。

何谓古文？古文就是诸子百家时期的语言，简洁质朴，不追求辞藻华丽和用典。但是之后的文章，例如《洛神赋》《滕王阁序》等骈体文，虽然读起来十分优美，但是用典过多、修辞过度，如果不看注释，根本不懂作者在说什么。推动古文，就是让大家高效、直接地表达，节省沟通成本，方便士大夫对时政建言献策。更重要的一点是，因为古文是圣贤写文章用的语言。如果用这种文体来写文章，就是代圣贤立言。

实际上，这两个主题是庆历新政的一体两面：以文章推动改革，用改革促进文章。

欧阳修为何如此欣赏苏东坡，以至于要让他扛起古文运动的大旗呢？

因为苏东坡做了一件惊世骇俗的事。苏东坡参加进士考试的策论题目是《刑赏忠厚之至论》，意思是论怎样才能赏罚分明。他在这篇文章中写了一句典故："皋陶曰'杀之'三，尧曰'宥之'三。"这次考试的主考官是欧阳修，他和副主考梅尧臣都是当代大儒，但是竟然都不知道这个典故出自哪里。因此，他们觉着此人非常了不得，便将这张试卷评为策论百年第一。

欧阳修和梅尧臣对苏东坡非常好奇，想要当面请教这个典故的出处。结果问起苏东坡时，苏东坡回答："这是我自己编出来的，既然你喜欢我的文章，何必问出处呢？"欧阳修非常喜欢苏东坡的这种态度，认为这才是代圣贤立言，苏东坡日后必然能够名扬天下，继承自己的衣钵。

可以说，苏东坡受到重用，完全是因为运气好，是特殊时代的特殊产物。如果换成其他时代，苏东坡就会被称作妄人。从此之后，苏东坡就真的按照"代圣贤立言"的标准来要求自己了。他认为自己的文章特别好，连皇帝都很欣赏，其他人还有谁敢不服呢？

这里要说到儒家的一个问题。儒家追求的理想人格叫作君子。何谓君子？有一种说法叫孔颜乐处。孔指的是孔夫子，颜指的是颜回，他们都十分安于自己的处境。颜回最有名的事迹就是"一箪食，一瓢饮，在陋巷，人不堪其忧，回也不改其乐"。意思是，哪怕穷得吃不上饭了，邻居都替他发愁，他还是那么高兴。颜回之所以能够这样高兴，有两个原因。首先，他认为自己人品高洁，道德上十分完美。第二，他认为自己手中掌握着宇宙真理，虽然物质生活条件差，政治诉求也无法实现，但那都是因为世道不济，没有机会实现理想罢了。一旦有了机会，就能修身、齐家、治国乃至平天下。

孔子这样赞赏颜回，是希望大家用高尚的品德来要求自己，不断提高个人的修养。但是后来，这句话已经偏离了原本的意思，成了绑架别人的工具。儒生们认为自己有崇高的道德，并且掌握了真理，自己是君子。那么不按照自己的要求行事的人，就是君子的对立面，也就是小人。宋朝之前的儒生主要是为经典做注，因此无法从道德层面绑架别人。但是儒生一旦开始代圣贤立言，把自己当作圣贤，其他人在他们眼里就成了可以随意指使的小人。

宋朝有个大儒叫程颐，是程朱理学的创始人，也是宋哲宗的老师。他和苏东坡是同时代的人，两个人一生都同朝为官。程朱理学的精髓，叫作"存天理，灭人欲"。他们认为，要坚守天理，消灭人的欲望。

他在给宋哲宗做老师的时候，发生过这样一件事。

在宋哲宗还小的时候，有一次在园子里玩，随手折了一根树枝。程颐就很生气，训斥小皇帝说："春天万物生机勃发，你居然折了一根树枝，这就是不顺应天理。你将来要做一个圣君，怎么能做这样的事呢？"小皇帝非常生气，又拿老师没办法，就把树枝扔在地上，气鼓鼓地走了。这就是儒生把自己当作圣贤代言人的一个实例。

年轻时的苏东坡，在这方面和程颐非常相似，但是在其他方面比程颐还要过分。程颐以道德家自居，平时严格约束自己，总是板着一张脸。而苏东坡对自己的要求却不高，喜欢讲笑话挖苦别人，非常尖酸刻薄。

苏东坡有个朋友名叫陈慥，非常怕老婆。有一天，苏东坡给陈慥写了一首诗："龙丘居士亦可怜，空谈说有夜不眠，忽闻河东狮子吼，拄杖落手心茫然。"河东狮吼就是出自于这首诗。

苏东坡有一个好朋友叫刘贡父，有一次生病了，鼻梁垮了，眉毛也掉了一大把。苏东坡又写了一首诗嘲笑他："大风起兮眉飞扬，安得猛士兮守鼻梁。"

对朋友开开玩笑无伤大雅，但是对普通人也是这样，就难免会得罪人。

苏东坡做的第一个官是大理评事兼凤翔府判官。凤翔府，就是如今的陕西省凤翔县。这个官职相当于当地的检察长。他的顶头上司，也就是知州，名叫陈公弼。他发现苏东坡上任后非常不守规矩，而且经常在背后说他的坏话，就经常找理由惩治苏东坡。苏东坡对此却毫不在乎，越是受罚就越不守规矩。有一次，苏东坡甚至给陈公弼写信，在信中批评陈公弼沽名钓誉。陈公弼非常生气，就让人把苏东坡的信刻成碑文摆在衙门外，让世人看看苏东坡是怎样侮辱主官的。

苏东坡的第一任妻子叫王弗，出自书香门第，15岁时就嫁给了苏东坡。夫妻朝夕相处，王弗很快就发现了苏东坡身上的毛病：自视甚高，但是情商太低。因此，她经常躲在家里的屏风后面，听苏东坡和别人说话，帮苏东坡出谋划策。比如某人油嘴滑舌，是个小人，不可不防；某人虽然言语有些粗鲁，但是性格直爽，值得交往。不幸的是，王弗26岁就去世了，当时苏东坡只有29岁，正准备放手大干一场。从此之后，再也没人帮他识人把关、出谋划策了。很多年之后，苏东坡的人生境界提高了，就越发思念王弗，因此就有了"十年生死两茫茫，不思量，自难忘"这首词。

果然，苏东坡失去这位贤内助之后，接连摔了一个又一个跟头。

苏东坡虽然最初很得宋仁宗的赏识，成为了古文运动的旗手，但是随着宋仁宗驾崩，欧阳修、范仲淹等老一辈领导集体退居二线，苏东坡的好日子也就到头了。宋神宗继位后，开始提拔新人，想要把庆历新政延续下去。其中一个新人便是大名鼎鼎的王安石，官职是副宰相。宋神宗让王安石推动改革，于是就有了王安石变法。有专家认为，王安石变法不但没有成功，反而加快了宋朝的衰亡。

第一，这次变法破坏了上一代领导集体确立的"共识"，也就是"祖宗之法"。所谓祖宗之法，并不是守旧，因为当时还没有宪法，所以祖宗之法就相当于国家的宪法。它给大家立了一个规矩，无论是皇帝还是大臣都不能胡来。但是王安石的变法，首先就把这个共识推翻了。王安石提出了"三不足"：天命不足畏，祖宗不足法，人言不足恤。也就是说，他完全不承认祖宗之法，也不在乎别人的不同意见，一心要把改革进行到底。

第二，王安石变法的核心是青苗法。如果百姓无钱种地垦荒，国家就给百姓提供贷款。这样一来，百姓既有地可种，国家还增加了收入，一举两得。王安石的初心是好的，也符合现代银行的理念，但是执行起来却违背了初衷。下级的贪官污吏把百姓当成了"理财产品"，强行向百姓摊派贷款。到期如果无法归还，就用酷刑逼债。青苗法一出，一时间民怨沸腾。

当时，有良知的士大夫都站出来反对王安石变法。有人认为，不能违背祖宗之法，还有人认为青苗法残害百姓。苏东坡也反对王安石变法，但是在中间夹带了私货。他认为，王安石与民争利，是不道德的，所以是小人。这样的人怎么能代圣贤立言呢？苏东坡认为自己才有这个资格，因此不断用言辞挤兑王安石，有时是在公开场合，有时是在私下里说。

苏东坡到处宣扬，王安石其实没有学问，虽然表面看起来很聪明，实际上是个很笨的人，写的文章狗屁不通。当然，客观来说，王安石的才华确实不如苏东坡。苏东坡随手而作的打油诗都能让人惊叹，王安石虽然能写出好文章，也有才情，但整体水平不太稳定。虽然如此，但是苏东坡总是这样贬低王安石，其实很得罪人。

苏东坡有个朋友是王安石的铁杆粉丝。他听说王安石写过一篇《华严经解》，就到处跟人说，王安石之所以给《华严经》这部佛经写文章，是有原因的。因为《华严经》记录的是佛祖的言语，而其他佛经记录的是佛祖的弟子和菩萨的言语。王安石写《华严经解》，是微言大义，意在为佛祖立言。

苏东坡听说之后，就给朋友讲了一个故事。当初在凤翔做判官时，苏东坡有一次想吃千阳县的猪肉，就派了一个人去买。但是派去的这个人贪酒，回来的路上睡着了，猪趁机逃跑了。他怕挨骂，就随便买了一头猪回来。苏东坡不知道实情，把这头猪当作千阳猪吃掉了，并夸赞这是极品美味。后来，苏东坡知道了真相，感到非常羞愧，认为自己是不懂装懂。

这个故事的意思是说，并非王安石写的文章有多好，只因为那是王安石写的，所以不明真相的人就以为好。

可是，苏东坡到底争不过王安石。王安石有一个外号叫拗相公，因为他非常认死理。王安石认为只有一个人能代圣贤立言，这个人就是自己。于是，他把苏东坡排挤出了朝廷，贬到了杭州做通判。后来，苏东坡的人生非常坎坷，辗转流落于各地。

如果说苏东坡个人被贬还不算可怕，那么更可怕的是从此之后，士大夫们再也不像之前那样团结了。王安石变法之所以导致了北宋的衰亡，就是因为从此之后，士大夫开始分裂和站队，支持王安石和反对王安石的人开始结党。两个党派之间互相排挤，这种状态一直持续到南宋中期才结束。

王安石确实是个正人君子，私德非常不错，而且全心全意为国家着想。可是他的手下也想要上位，就把王安石写给他的密信交给了宋神宗。这种私人信件中，难免有些大逆不道的言语。宋神宗看到后大发雷霆。他一直特别信任王安石，给了他极大的权力，没想到居然在背后说自己的坏话。于是，王安石也被排挤出了朝廷。这就给苏东坡带来了更大的麻烦。因为王安石推行的变法虽然有问题，但是他本人的品德很好，不会打击报复。然而，当王安石手下的小人上台之后，就盯上了苏东坡。

当时，以御史中丞李定为首的一批人，开始查苏东坡的问题。苏东坡这时正在做地方官，政绩斐然，实在找不到什么把柄。于是这些人想到了文字狱，结果还真的找到了漏洞。苏东坡曾经写过一篇《湖州谢上表》，是他被委派到湖州做知府时写的感谢皇上恩典的文章。在这篇文章里，苏东坡说了几句听起来有些酸的话，大意是自己能力太差，不值得提拔，请皇帝放过自己。这种话如果深究起来，也可以理解成是苏东坡和皇上赌气，所以故意说自己无法胜任。

他们还从苏东坡的诗里找各种蛛丝马迹来给他定罪。因为苏东坡没有实在的罪名，抓不到把柄。可是他写了很多诗，其中难免能找到几句诗可以用来做做文章。这些人遍翻苏东坡的文集，最后果真找到了几篇，呈给了宋神宗，说苏东坡讪谤朝廷。

宋神宗听说苏东坡也写诗骂自己，十分生气，马上派人去抓苏东坡。苏东坡这时正在湖州，被五花大绑押往京城。

苏东坡十分郁闷，觉得自己曾经如此辉煌，现在竟受到了这样的冤枉。于是他揣着毒药前往京城，打算如果遭遇不测，就随时自杀以明志向。苏东坡被关押的地方叫御史台，是专门关押各种政治犯的地方。因为这里杀气很重，所以乌鸦特别多，因此又被叫作乌台。这就是苏东坡"乌台诗案"的由来。

这群小人对苏东坡的栽赃陷害实在是不像话，连王安石都给宋神宗上书求情。当时的宰相虽然也属于新党，但是也看不过去，把诬陷苏东坡的人臭骂了一顿。最后，宋神宗自己也觉得此事蹊跷，就派了一个太监去牢里看看苏东坡的行为举止是否正常。小太监回话说，苏东坡气定神闲，酣睡如泥，说明心地光明。宋神宗这才决定放过苏东坡，把他贬为黄州团练副史，相当于当地的副警察局长。但是这个官职只是虚职，"不准签书公事"，相当于没有任何权力。这种官职在当时有一个称谓，叫作犯官。也就是说他实际上是一个犯人，只是在任上服刑。因为宋朝不杀士大夫，于是才有了犯官制度。

苏东坡在御史台的大牢里一共被关了 103 天，无异于从鬼门关走了一遭。很多从前没有想通的事情，在这期间也想通了。但是这就像练武功一样，还剩最后一个关口没有打通。最后有一个人帮助他打通了这道关口，此人就是将他推荐给欧阳修的张方平。

苏东坡被关在牢里的时候，张方平心急如焚，想方设法营救苏东坡。他派自己的儿子张恕带着一封书信前往京城，找人求情。但是张恕十分胆小，怕这件事牵连到自己，在京城转了一圈就回去了。苏东坡被释放之后，遇到了张恕，后者提起了这次不成功的营救。苏东坡看了张恕手中的信，吓出了一身冷汗。幸好这封信没有交到别人手里，否则苏东坡性命难保。

这件事对苏东坡触动很大。他生平第一次开始意识到，原来自己的一身才华不但不是什么好东西，反而是成功的绊脚石，甚至还会给自己引来杀身之祸。后来苏东坡总是会反思这件事，认为应当收敛才华。苏东坡被贬到黄州之后写了一首诗："自笑平生为口忙，老来事业转荒唐。长江绕郭知鱼美，好竹连山觉笋香。"这首诗是一语双关，表面上说的是他一生都热衷于四处寻找美食，实际上想表达的是自己这张嘴到处得罪人。

从乌台诗案之后，苏东坡养成了一个习惯：见人就嘲笑自己。他总说，别人都说自己会写诗，但这些诗就像是石头上的花纹。石头长出了花纹就容易裂开，虽然看起来好看，其实是一种病。他这么会写诗，也说明病得不轻。

苏东坡有一个侍妾叫朝云，和他一起生活了 30 多年。虽然苏东坡最后没有娶她，但两个人感情深厚，惺惺相惜。有一次苏东坡请客吃饭，他拍着肚皮问大家，自己的肚子里装的是什么？客人们都说，这里都是学问。苏东坡笑而不语，这时朝云说，那是满肚子的不合时宜。朝云和苏东坡生了个儿子，名叫苏遁。苏东坡为苏遁写了一首诗，也是在反思自己："人皆养子望聪明，我被聪明误一生。惟愿孩儿愚且鲁，无灾无难到公卿。"

第二张面孔：道家长者

苏东坡的第二张面孔，是一个道家长者。

天下之事，都是福祸相依。虽然乌台诗案让苏东坡险遭杀害，但却因此使他提高了人生境界。甚至可以说，这是一个苏东坡时刻。很多大彻大悟的人，并非天生就有这样的觉悟，就连佛祖都要在菩提树下打坐七七四十九天才能顿悟。明代大儒王阳明也和苏轼一样，早年间非常喜欢和人吵架，认为自己才是正人君子。后来他被皇帝贬到了贵州的龙场驿，最后躺在棺材里才大彻大悟。

通常来说，这种彻悟都有两个层面。一个层面是对外变得更加圆融，不再棱角分明。另一个更重要的层面是对内更加宽广，使内心的容量变得更大，很多事都看得开了，内心不再纠结。

苏东坡彻悟的第一个层面，就是对外变得更加通达。当时的知识分子追求三教合一，就是把儒释道三家的精髓总结在一起，取其长补其短。苏东坡就意识到，道家思想的精髓，能够让人变得通达。道家的精髓，正如《道德经》中所说的：一曰慈，二曰俭，三曰不敢为天下先。这三点的共同特征，就是对人对事都要有分寸。对百姓慈悲，是对人有分寸；在物质上节俭，不奢侈，是对自己的欲望有分寸；不敢为天下先，是做事的时候有分寸。

被贬黄州之后，苏东坡就开始按着这三点践行自己的人生了。苏东坡最大的一个改变，就是和王安石捐弃前嫌。而且，他并不是想要巴结王安石，因为这时王安石也被小人排挤出了朝廷。苏东坡主动去拜访王安石。两人见面之后，既没有互相贬损，也没有发生争吵。苏东坡知道王安石在乌台诗案中为自己据理力争，因此表达了自己的感激之情。之后，两人每天在一起吃饭聊天，无话不谈。苏东坡从此不再到处说王安石的坏话，反而说王安石的好话。他举例说，当年自己写过一首诗，没人能看懂，只有王安石知道里面的典故。

可想而知，苏东坡和所有曾经得罪过的人的关系都逐渐缓和了。后来宋神宗去世，高太后上台。太后喜欢旧党，便请司马光回朝执政。接下来几个月的时间里，苏东坡像坐了火箭一样，从一个准犯官被一路提拔到了三品制知诰、翰林学士。苏东坡成了皇帝身边的人，可以直接建言献策。

但是这时苏东坡发现，司马光和当年的王安石没有什么区别。司马光想把新党支持的政策全部作废，一个不留。实际上，王安石变法中有些方案是可行的，因此得到了新党的支持。而司马光则认为，只要是政敌主张的就要反对，实际上已经到了党同伐异的地步。苏东坡对这样的做法不太认可。

一个多月之后，司马光也去世了，上台执政的是程颐之类的道学先生，苏东坡实在是忍无可忍了。在朝的这段时间里，苏东坡发现，身处中央朝廷的士大夫只讲政治正确，没有任何实际的作为。苏东坡认为和这些人争论毫无意义，于是请旨辞去三品大员的官职，再去杭州做父母官。从此之后，苏东坡再也没有回到过中央。

在乌台诗案之前，苏东坡在地方官任上就取得过不错的政绩。例如，他在山东、江苏做知州的时候，曾带领百姓抗洪抢险。有一次洪水实在凶猛，抗洪人手不够，苏东坡就跑去调动禁军。当时有规定，在没有得到皇帝许可的情况下，大臣调动禁军视同谋反。但是苏东坡不顾安危，对禁军将领晓之以理、动之以情，最后说服禁军冒着杀头的风险参与抗洪抢险。苏东坡还自己出钱捐建了安乐坊，这是有据可查的中国历史上第一个官办的公立医院。

经历了乌台诗案之后，苏东坡再回地方做官，就和之前完全不同了，做官的境界大幅提升。他除了继续为百姓做好事，用儒家的君子要求自己之外，还经常做一些"俏皮"的事情，不再那么棱角分明了。

苏东坡过去抗洪时要修建堤坝，修完之后还要盖一座楼，让亲朋故旧和学生写文章留念。其实这就是沽名钓誉，让别人给自己歌功颂德。但是这一次回到杭州之后，再次修建堤坝，方法就不同了。今天我们去西湖都会游览苏堤，这就是苏东坡主持修建的。附近还有三座小塔，就是著名的三潭印月。修建苏堤并非为了抗洪，而是为了疏浚西湖中的污泥，建设成一个旅游景点。苏堤修好之后，苏东坡喜欢在西湖边看着湖景办案。他的办案风格十分俏皮。

苏东坡在杭州做知州的时候，有一个绸缎商来打官司，状告他人欠债不还。欠债的人主动到官府自首认罪，但是表示实在没有办法。欠债的人是经营扇子的商人，但是杭州一直在下雨，扇子卖不出去，就无法按时还钱。苏东坡让他把扇子拿到县衙，从中选了 20 把扇子题写扇面，然后交给这人出去卖掉还钱。苏东坡作为大书法家，一般很少为人题字，一字难求，因此这 20 把扇子很快就卖光了。苏东坡知道自己的字很珍贵，却用这种办法帮人还债。

还有一次，手下抓来了一个犯人，名叫吴味道。这人是个老学究，考了很多年科举都没有考中，这是最后一次进京赶考。然而，他已经穷得连路费都没有了，就听了别人的建议，装了一袋麻纱打算去京城售卖。但是他刚刚上路就发现行不通，因为路上到处都是关卡。如果他在每个关卡都交税，不但挣不到路费，还得赔一笔钱。后来他想出一个馊主意，在麻袋上写了苏东坡的名字，逢人就说这是苏东坡送给在京城的弟弟苏辙的。可惜他没走多远就到了杭州，马上就被人发现了，扭送到了苏东坡面前。李鬼遇到了李逵，按理说应该被好好整治一番，但是苏东坡没有这么做。他把原来的字条撕掉，重新写了一张字条，贴在了袋子上，然后告诉吴味道，现在没人敢阻拦了。吴味道感激不尽，后来真的考中了科举，一直都铭记苏东坡的恩情。

苏东坡有句名言："吾上可陪玉皇大帝，下可以陪卑田院乞儿。"意思是说，既能和玉皇大帝做朋友，也能和收容所的乞丐小儿做朋友。在他眼中，天下都是好人。用王阳明的话说，心中有圣贤，才能看人人都是圣贤。苏东坡一生对人广施恩德，并且不是以一种高高在上的姿态去施与，而是用幽默的方式给人恩惠，将行善变成了一种美学。

苏东坡在黄州的时候，因为身为犯官，没有薪俸，也没有住处。他还带着20多个家属，实在没有地方住，他就把手头仅有的一点积蓄拿出来，盖了5间大瓦房，并取名为雪堂。后来他又换上农夫的衣服，申请了50亩荒地，带着下属去种地。因为这个地方在黄州东郊外的土坡上，所以他才给自己起了一个号，叫东坡居士。严格说来，从这之后，苏轼才能被称为苏东坡。

中国历史上，有两位喜欢种地的大文人，除了苏东坡之外，还有晋代的陶渊明。但是两人的风格完全不同。陶渊明种地时，"采菊东篱下，悠然见南山"，非常闲适安然。而且他只带着一个小童，不和别人交往。苏东坡种地时，却和周围的百姓打成一片，经常还在农民家里吃饭。有一次，他在农民家吃到了一种酥，觉得非常好吃，就问这种酥叫什么名字。农民也不知道，就问苏东坡为什么这么问。苏东坡灵机一动，给它取名叫"为甚酥"。还有一次，苏东坡去农民家喝酒，酒的质量很差，喝起来很酸，苏东坡没有直说，而是给酒取名为"错放水"，意思是放错了地方的水。

同样，中国历史上喜爱美食的士大夫也不只苏东坡一位。比如晚清的丁宝桢，就发明了一道名菜宫保鸡丁。区别在于，丁宝桢发明的这道菜只是自家的私房菜，是后来才流落到民间的。而苏东坡发明的很多美食，都是为了让百姓吃得更方便、吃得更好。比如，在徐州抗洪抢险的时候，粮食不够了，他就让人做猪肉给河工们吃。后来他到了杭州修筑苏堤，想起了这件事，于是把做肉的配方重新研究了一下，发明了东坡肉。

乌台诗案之后的苏东坡，就变成了这样一个广施恩德又幽默风趣的人。几十年下来，苏东坡虽然官场失败，但是朋友遍天下。元祐七年，高太后病重，宋哲宗亲政，改元绍圣。宋哲宗继承了宋神宗的衣钵，发誓将改革进行到底。这一次，新党的小人上台之后更加过分，竟然把司马光的墓碑都铲掉了。

苏东坡这个时候已经 60 多岁了，不可能再从政了。但是中央朝廷的小人们想要斩草除根，继续针对苏东坡，将他一贬再贬——先是贬到了广州，后来又贬到了海南。按照常理，大家对这样的犯官应该唯恐避之不及。但是苏东坡所到之处，当地的地方官都前赴后继地舍命陪君子。

苏东坡在广东惠州时，当地的知州叫詹范。苏东坡作为犯官，生活待遇很差，詹范就干脆陪苏东坡一起吃糠咽菜。后来詹范被调走了，接替他的知州叫方子容。方子容上任之后，让苏东坡给自己的画写跋语。这件事被中央知道了，下旨训斥了一番，又把苏东坡贬去雷州。雷州的知州张逢顶着巨大的压力，安排苏东坡住进了自己的府院。被中央发现之后，张逢就丢了官。苏东坡继续被贬到了海南岛的儋州。儋州知州名叫张中，仍然把苏东坡留在府衙里，两人每天下棋。后来，苏东坡不愿连累张中，想要自行盖房居住。没想到，张中换上了粗布麻衣，和苏东坡一起盖房子。张中因此也被贬官了。

这就是后来的苏东坡，对外通达，因此广结善缘，到处都是朋友。

第三张面孔：佛门大德

苏东坡的第三张面孔，是佛门的大德。

当苏东坡继续彻悟下去，到了第二个层面，对内变得更加宽广，心量更大。苏东坡被贬到海南之后，有一天和身边的人说，他最近想起了韩愈。韩愈是唐宋八大家之首，第一个提出恢复儒家正统，用古文写作。韩愈当年也被贬到广东潮州，有诗为证："一封朝奏九重天，夕贬潮阳路八千。"苏东坡觉得，韩愈不是一个明白人。因为韩愈曾说，只有在大海里才能捞到大鱼。这句话一语双关，意思是和优秀的人在一起，才能拥有更多成功的机会。而苏东坡认为，韩愈是在向外求，这不是正道。只有向内求，把自己的心量放大，才能得到真正的成功。

向内求和向外求这两种观点，并非传统的儒家思想，而是佛教传入中国之后，嫁接到儒家思想里的。在宋明时期，佛教在中国非常兴盛，所以很多人都开始重视向内求和向外求。所谓向内求，就要求内心先成为一个圣人，在对外时才能做出圣人的功业，简而言之，就是内圣外王。如果只是单纯地向外求，就没有稳固的根基。

在《成功者的大脑》一书中，提出了一个"复原力"的概念。所谓复原力，就是指人在面对不良的环境时，依然能克服各种压力，从逆境和挫折中恢复过来，维持正常生活。这种能力就叫作复原力。怎样才能具备复原力呢？就要把外控型人格转变成内控型人格。这和前面所说的向内求和向外求，其实是异曲同工的。

对于普通人来说，当发生了一件事之后，总喜欢找个因果的解释，要为事件找到一个原因。这种解释叫作"控制点"。有一种人是外控型的，总是会责怪别人。例如当今一个非常著名的心理学理论——原生家庭，实际上就是一个外控型的理论。意思是说，个人的心理问题是来源于父母的，和本人无关。还有一种人是内控型的，他们相信自己可以主宰自己的命运，因此把解释都归因于自身。而按照《成功者的大脑》这本书的观点，内控型人格相比于外控型人格更具有复原力。

我们回顾苏东坡的一生，其实很悲惨。他年少成名，两次进京却都不长久，后来郁郁不得志，大部分时间都在做犯官。换作别人，一定会认为朝廷中有奸佞，自己时运不济，整天在家发牢骚。但是苏东坡不这样看待自己的命运。他晚年写过一首诗："心似已灰之木，身如不系之舟。问汝平生功业，黄州惠州儋州。"最后一句里提到的几个地名，都是他被贬作犯官的地方。

苏东坡之所以认为自己在这些地方建立了功业，就是因为他从佛家思想里提炼出了内控型人格的智慧。虽然他屡遭险阻，但是每一次他都获得了心量的放大，变得更加淡定，获得了更大的修为和精进。所以他才觉得自己的功业，全归于被贬官的地方。也就是说，苏东坡有超强的复原力。

苏东坡的佛学修为很高，甚至超过了当时的一些得道高僧。他身边有很多朋友也是佛门大德。我们在苏东坡的诗里能发现很多佛家的思想。比如，今天有一个成语叫"雪泥鸿爪"，就是来自于苏东坡的一首诗。

有一次，天降大雪，苏东坡看到一只鸟从雪上踩过，很快雪就把脚印盖住了。他就写了一首诗："人生到处知何似，应似飞鸿踏雪泥。泥上偶然留指爪，鸿飞那复计东西。"这首诗体现的，是一种无常的思想。所谓无常，就是指一切都在变化，没有什么是能长久存在的，所以不必执着于一时一地的得失。

在乌台诗案之前，苏东坡就已经了解过无常思想。但是在那时，这种思想只是一门学问。乌台诗案之后，无常思想就成了苏轼的一种智慧，让他的境界提升了一个台阶。

苏东坡之前的诗词风格非常豪迈，如"左牵黄，右擎苍，锦帽貂裘，千骑卷平冈"和"酒酣胸胆尚开张"。可是到了黄州之后，风格为之一变。在黄州创作的诗词和文章，都达到了他人生的一个新的高峰。

例如《念奴娇·赤壁怀古》和《前赤壁赋》，都是在黄州写下的。他在《前赤壁赋》中写道："寄蜉蝣于天地，渺沧海之一粟。哀吾生之须臾，羡长江之无穷。挟飞仙以遨游，抱明月而长终。知不可乎骤得，托遗响于悲风。"

还有著名的《定风波》，也作于黄州。"莫听穿林打叶声，何妨吟啸且徐行。竹杖芒鞋轻胜马，谁怕？一蓑烟雨任平生。料峭春风吹酒醒，微冷，山头斜照却相迎。回首向来萧瑟处，归去，也无风雨也无晴。"这些词句都体现了无常思想，认为一切都终将逝去。

无常思想的意义只在于消极处世，及时行乐吗？当然不是！佛家所说的无常，有一个最终的目的，叫作不执着，没有分别心。一切好的事情和坏的事情都会过去，所以不要纠结，不要在内心产生执着和困惑。苏东坡对于这一点就做得很好。

前面说过，苏东坡是个美食家，甚至到了为美食奋不顾身的地步。苏东坡有一首著名的诗："竹外桃花三两枝，春江水暖鸭先知。蒌蒿满地芦芽短，正是河豚欲上时。"其中就提到了河豚。河豚的肝脏有剧毒，处理不好就容易中毒。身边的朋友都极力劝阻他吃河豚，但苏东坡认为河豚味美，即使被毒死了也值得。

后来，苏东坡被贬到惠州，生活质量大大降低了，吃不到肉，只能吃羊的脊梁骨，从骨缝里剔肉吃。有人问，这有什么可吃的？他回答，像这样剔肉吃，有一种吃螃蟹的感觉。再后来，这点肉都吃不到了，他就发明了很多蔬菜的吃法。比如他把米饭在汤上蒸，汤里面有白菜、萝卜、油菜根和芥菜，还把这种饭取名叫晶饭——也就是三白饭，因为盐是白的，萝卜是白的，米饭也是白的。苏东坡这种活法没有分别心，活得随性潇洒。

没有分别心的最高境界，就是对生死都没有分别了。

宋徽宗上台之后，再次起用苏东坡。这时他已经60多岁了，很快就辞官去了江苏常州。在常州居住了没多久，苏东坡就去世了，享年66岁。临终前，苏东坡的朋友在他耳边大声呼喊，让他用力观想极乐世界。他回答，不能用力，"著力即差"，说完就去世了。这说明苏东坡对西方极乐世界也不执着，没有分别心。他清静自在地离开了人世，和其他古代知识分子都不一样。

苏东坡去世之后，给这个世上留下了一大笔精神遗产。他有儒家君子的一面，捍卫理想，誓死力争，甚至为此头破血流。他也有道家长者的一面，凡事不强求，慈悲地对待别人。他还有更重要的一面，也是这笔精神遗产里最重要的财富，这就是他从佛教思想里获得的强大的复原力。正是这种强大的复原力，让苏轼完成了三张面孔的强化和迭代，最终实现了个人成就的逆袭。若非如此，他充其量只是一名普通的官员和文学家，不会有那么大的人格魅力和成就。

在当今时代，善待别人很重要，但是拥有复原力更为重要。如果我们在这个世上，即使努力过，也没有取得很大的成就，甚至屡遭挫折，到了不可救药的地步；甚至我们善待别人，遭遇的是以怨报德，乃至被横加指责。如果遇到这些情况，请不要忘记这个世界曾经存在一个叫苏东坡的人，他用自己的一生演绎了一种不一样的活法：此心光明，夫复何求？

第十二章
梁启超：终身学习，永远超越自己

　　说到戊戌变法，我们就一定会想到梁启超。提到梁启超，又会让人想到一系列的延伸概念。前段时间有一部高分电影《无问西东》。这部电影里提到了民国时期清华的四大导师：陈寅恪、王国维、赵元任、梁启超。这几个人都是某个领域的学术大牛，陈寅恪是研究魏晋南北朝隋唐历史的，王国维是研究文学和金石学的，赵元任是研究语言学的，这三个人的书我们现在都还在读。可是，梁启超到底是研究什么的呢？

梁启超是谁

　　梁启超似乎是个政治家，但是又很少参与政治事件。我们都知道，民国时发生了著名的小凤仙和蔡锷的故事。蔡锷就是梁启超的学生。当年袁世凯打算称帝，蔡锷在小凤仙的掩护之下去了云南，发动了护国战争，最后把袁世凯赶下了台。梁启超当时也写了一篇反对袁世凯的文章，叫《异哉所谓国体问题者》。但是接下来就没有后续动作，好像只懂得打笔仗。

　　这就是人们对梁启超的印象。他是一个名人，戊戌变法之后，就消失在历史的舞台上了。

梁启超号称"变色龙",政治主张比较善变。他之前是保皇派,可戊戌变法失败后,他跑到了日本,马上就和革命派结成了同盟。后来,革命党在国内组织起义失败了,大清宣布立宪,他又和革命党开始了论战。可是墨迹未干,辛亥革命就爆发了。他马上把文章都雪藏起来,去找孙中山聊天,想要回国参与革命。孙中山看他像个投机分子,他就又去找袁世凯。要知道,袁世凯是戊戌变法失败的导火索,他去慈禧太后那里告密,才导致慈禧太后逮捕康党、软禁光绪的。可辛亥革命刚刚爆发,梁启超就去找袁世凯,导致有些民国政治人物很看不起梁启超,觉得他没有立场。

与之对比,戊戌变法的另外一个核心人物康有为一生都是保皇党。辛亥革命成功之后,他还支持张勋,帮助溥仪复辟。再看杨度,一生都是君主立宪派。清末宣布立宪时,他就是高级参谋,袁世凯要做皇帝,他也支持。可以说,只要是君主立宪,他都支持。更不用说那些革命党了,这些人前半生革大清的命,后半生革袁世凯和北洋军阀的命,从来没有妥协过。

哪怕是大头兵出身的军阀,也有基本的政治操守。张勋一辈子热爱大清,他的军队就永远留着辫子,因此号称辫帅。段祺瑞因为得到袁世凯的指示,带领北洋六镇上书请求清帝退位,后来他就把创造共和作为自己的政治资源,一生中号称三造共和。第一次逼清帝退位,第二次反对袁世凯称帝,第三次反对张勋复辟。无论是真是假,起码表现出来的政治立场始终如一。

可是梁启超就不同了,他一会儿是革命派,一会儿是保皇派,一会儿支持袁世凯,一会儿又反对袁世凯。因为总是改变立场,他在不同时期所写的文章,观点和风格就不一致,经常前后矛盾。

对此，梁启超自己有个说法，叫"今日之我推翻昨日之我"，还有一个说法叫"不悔少作"，意思是对自己早年间写的东西不感到后悔。说得好听点，这叫与时俱进，如果说得难听一些，他的所作所为就是投机主义，谁身居高位，他就巴结谁。

这就是很多人都不喜欢梁启超的原因。

但是，如果你生活在100年前，稍微能够识文断字，就一定会知道梁启超，甚至会很崇拜他。他是那个时代中国文坛的第一把交椅。他达到了中国古代士大夫们都拼命追求的一种人生境界：立德、立功、立言。

说立德，梁启超一辈子不投靠，不攀附。他虽然和各个政治势力都保持着一定关系，但是并不攀附那些政治关系，从来都没有什么政治污点。

说立言，梁启超是民国第一启蒙大师，他写的文章影响了一代又一代人。

说立功，梁启超前半生促成戊戌变法，后半生坚定地捍卫民国的宪法。

城头变幻大王旗，民国的政治家们几乎都没有好下场。前面提到的几个人里，张勋和康有为成了跳梁小丑；王国维投湖自尽，殉了大清；杨度也成了怂恿袁世凯称帝的首恶元凶。但是没有人说梁启超有任何政治污点。

也可以说，他在政治上的变色龙立场，恰恰是他立于不败之地的秘密。他一直都追着时代的浪潮走，从来不被自己给自己设定的理想和标签绑架。他一辈子都在讲他自己的读书心得，把读过的书传播给当时的中国人。

这就是梁启超，一个早该过时的人，却依然能够影响那么多的年轻人。直到他去世，那个年代的年轻人都把他作为自己的人生导师。

我们甚至可以说，在整个民国的所有大师里，只有梁启超是这样：没有专业领域的学术专著，不迷信任何政体，也有什么一以贯之的政治主张。他是个地地道道的终身学习者。如果一定要给他贴上一个标签，可以把他称为启蒙大师。

一直被模仿，从未被超越

民国最有名的大知识分子胡适，一生都在模仿梁启超。梁启超写过一篇《三十自述》，胡适也写了一篇《四十自述》。梁启超一辈子办了很多媒体，写的研究著作却很少，这一点胡适也学到了。

胡适认为自己特别理解梁启超，他说自己一辈子没写过几本完整的著作，就是向梁启超学习。胡适的解释是，因为他和梁启超一样，成名太早，所以很多人都在等着看他们的著作。但是他们成名时毕竟还年轻，积淀不够，所以不能写太多东西，这样容易露馅。所以他们要做的事就是引领风气之先，做一些抛砖引玉的工作。至于具体扎实的研究，还是留给别人吧。

胡适说的有一定的道理。梁启超确实很聪明，智商很高。他四五岁的时候就开始读经，8 岁学为文，9 岁能缀千言。坊间流传着很多梁启超巧对对联的段子，虽然也未必都是真的，但是从这些段子里可以看出，梁启超确实非常有才。

我们来从正史记载看一看梁启超到底有多优秀。梁启超出生于 1873 年 2 月 23 日。1884 年，11 岁的梁启超就中了秀才，3 年后进入广东最好的学府——学海堂读书。17 岁时，梁启超就中了举人。后来，他和康有为一起进京考进士，当时的主考官看了两人的卷子，觉得康有为是老师，文章一定写得比学生好。为了照顾学生，就把写得不好的那篇文章放在了前面。结果出榜之后才发现，好的那篇文章正是梁启超写的。副主考官李文田觉得梁启超前途无量，就把女儿李惠仙许配给了他。

梁启超这样优秀，并不是因为家里培养得好。他的祖父梁唯清只是个秀才，一辈子都是个八品芝麻官，相当于现在的一个县教育局局长。他家祖上都是农民，直到爷爷这辈才做了官。梁启超的父亲叫梁宝瑛，也只是个秀才，做了一辈子私塾先生。

戊戌变法失败之后，梁启超和康有为流亡到了日本。他们原本一点日语都不会，但是梁启超竟然在去日本的船上就学会了日语。因为日语里有大量的汉字，他又学了一些基本的日语假名，就能把日语读个八九不离十了。后来他还写了一本《和文汉读法》，教中国人学习日语。

但是如果你觉得，梁启超只是因为聪明，才选择成为变色龙，这种理解就太浅薄了。从某种意义上来说，我们今天身处的时代和梁启超的那个时代很像。虽然我们的政治环境没有那样风云变幻，但是生活每天都在发生巨大的变化。有这样一个数据：美国大约62%的企业寿命不超过5年，中小企业平均寿命不到7年，一般的跨国公司平均寿命为10～12年，世界500强企业平均寿命为40～42年，1000强企业平均寿命为30年，只有2%的企业能够生存超过50年。

所以，在这种新事物层出不穷的年代，只有向梁启超学习，才能够活下来，并立于不败之地。如果认为梁启超的成功是偶然，那么我们可以看看他同时代的其他人，真的是没有对比就没有伤害。

不为过去牵绊，永远向前看

首先来看梁启超的老师康有为。不得不说，康有为也是一代奇才。康有为的很多思想，放在今天依然很有启发。虽然戊戌变法失败了，但是晚清最后10年还是按照康有为的改革思路实行了新政。慈禧太后虽然恨不得活剐了他，但也不得不说，他的思路是很值得借鉴的。

18岁那年，梁启超和父亲进京参加会试，落榜之后到了上海。古代的四书五经早都已经翻烂了，梁启超想读些新书。李鸿章在上海时办了一个上海制造局，里面有个译书馆，有大量介绍西方的书。梁启超就把这些书通读了一遍，可以说是古今中西皆通了。

　　通过同学陈千秋介绍，梁启超认识了康有为。梁启超一下子就被康有为的才学折服了。他发现，康有为也博古通今，学贯中西，比自己还要有学问。康有为喜欢交朋友，认识了很多香港人。通过这些香港人，康有为读到了很多传教士带来的西洋书。后来在戊戌变法的时候，康有为给了光绪皇帝三本书，分别是《日本变政考》《俄彼得变政记》和《波兰分灭记》。康有为写这些书的素材和基础，都是在20年之前打下的。而且，这几本书是他和梁启超一起编订的。

　　因为都了解西方文化，对西方文化感兴趣，师徒二人一拍即合，成就了后来促成中国维新变法的一段佳话。除了上课之外，两个人互相配合，通力合作。梁启超在各地组织社团，康有为就一直给光绪皇帝上书。

　　1898年1月24日，康有为给光绪帝写了第六封信，名为《应诏统筹全局折》。读了这封信，光绪决定召见康有为，后来便开始了百日维新。

　　但是康有为和梁启超有很大的不同。尤其是在戊戌变法失败之后，康有为的特点就完全暴露出来了。这个特点就是，康有为总是纠缠在过去得到的荣誉里无法自拔。在他看来，自己被光绪皇帝接见过，虽然只被接见了一次，但这就是自己的政治资源，是此生最大的荣誉，所以绝对不能丢掉。

　　戊戌变法失败后，师徒二人流亡国外，康有为组织了一个保皇会，自称手中有光绪帝的衣带诏，宣称光绪帝被慈禧太后绑架了，号召海外华侨捐钱，和他一起解救皇帝。其实，慈禧太后起初未必想把光绪皇帝关起来，彻底夺权。但是经过康有为的宣传，帝党之事天下皆知，让慈禧对康有为恨之入骨。

如果康有为真的有心，就应该组织人手回国勤王。事实上，他的确组织过一次。海外华侨给保皇会捐了一些钱。这些华侨身在国外，空有一颗爱国之心，轻信了康有为的虚假宣传，纷纷慷慨解囊，希望他赶紧杀回国去，救光绪皇帝脱离苦海。

1900 年，这个机会终于来了。这一年，慈禧太后支持义和团，对多国宣战，最后被八国联军赶出了北京。这对康有为来说是一次千载难逢的机会，哪怕没有进京勤王，至少可以在东南地区建立根据地。他也的确是这么做的。

他筹划了一年多时间，准备在广西、湖南起义。因为拖的时间太长，走漏了风声，被当地的官员发现了，导致起义还没开始就被镇压了。这就是庚子勤王的故事。历史书上很少提及这个事件，因为没有弄出什么动静。但是我们可以从很多细节中，看出康有为个人的问题。

首先，他明知起义时机不成熟，却坚持要起义。海外华侨虽然捐了钱，但是雷声大雨点小，真正捐钱的不多。梁启超四处筹钱，甚至找到了外国银行贷款，几经周折，凑到的钱勉强可以买一些军火。

时机既然不成熟，完全可以推迟或者取消。但是康有为不这么想，因为他把信誉都押在了华侨那里，不能被人说拿钱不办事。如此仓促的起义，注定要失败。连起义的地点都换了好几次，起先定在广西，后来又变成了福建。

更要命的是，康有为任人唯亲。但是他相信的人，包括梁启超在内，都是知识分子，根本没有发动起义的能力。当时有几个能力超群的人物，想帮康有为一把。这些人有能力搞到钱，还能在清朝的官办局里搞到军火。但是康有为认为他们不是自己人，坚决不用。

最后，康有为找来的负责管理起义经费的人，在起义之前居然消失了好几个月。梁启超接连写信过去，那人就是不回复。原本计划在 7 月

15 日起义，后来改成了 29 日，结果走漏了消息。起义的 12 个主要领导人被捕之后惨遭斩首，成了一大惨案。

康有为一直都有这个毛病，但是梁启超不一样。

戊戌变法开始时，孙中山就去和康有为、梁启超接触。因为他们都是广东人，语言相通，沟通起来没有隔阂。孙中山和康有为见面聊了一会之后，就觉得康有为是个妄人，大言不惭。两人后来不欢而散。从此以后，康有为就记仇了，再也没有和孙中山合作过。

但是梁启超就不计较这些。流亡日本之后，有一段时间，康有为去檀香山给保皇会筹款。梁启超就借着这个机会参与了横滨华强子弟学校的创办。这个学校实际上是孙中山办的，请梁启超参加，梁启超也没有推辞。

这件事被康有为知道之后，就极力阻止，还把梁启超臭骂了一顿。康有为觉得，海外华侨只有那么多，给孙中山捐了钱，就不会给保皇会捐钱了。因此他们是在争夺资源，属于竞争关系。于是，康有为把孙中山当成了死敌。他们有一个共同的朋友，就是后来的日本首相犬养毅。即使有犬养毅出面说和，康有为也坚决不同意和孙中山合作。

其实康有为这个时候的选择是错的。因为光绪已经被软禁了，这就意味着，他已经不可能保得住光绪了。

从这时开始，梁启超就发现他的老师很有问题，有些想要脱离康有为了。1902 年 6 月，梁启超写了一篇《三十自述》，等于正式告别了康有为。30 岁以后的梁启超，再也不谈《新学伪经考》和《孔子改制考》了，也不再主张保教。他还写了一篇《保教非所以尊孔论》，宣布和康有为分道扬镳。

梁启超一辈子和各派势力的关系都是若即若离，而不是全心全意的投靠。但是当他觉得某一派是正确的时候，会倾尽所有去帮助它。

1905 年，慈禧想要推行新政。当时的满清大臣都知道，最懂新政的就是康有为和梁启超。因为慈禧恨极了他们，所以无法让他们回国，但是与他们合作一下还是可以的。

慈禧派五大臣出国考察，带头的人叫端方。端方给梁启超写了一封很长的信，希望能够合作。

但是革命党人恨死了五大臣。因为如果大清通过改革变好了，他们就无法继续革命了。所以革命党派出了一个叫吴越的杀手，在火车站刺杀五大臣，想要阻止清政府推行新政。在这种情况下，梁启超仍然毫不犹豫地和五大臣合作，还帮端方代写奏折，前后共写了 20 多万字。

梁启超就是这样，从来不被人际关系绑架。只要他觉得是对的，就可以合作。如果觉得对方做得不对，也随时可以停止合作。

后来，武昌起义爆发，梁启超迎来了人生的第二春。这个时候，他已经远居海外 14 年了。大清灭亡了，他就可以回国了。这时有个大问题：上台的不是孙中山，而是袁世凯。因为袁世凯的实力更强，成了民国第一任大总统。

袁世凯是戊戌变法失败的主要原因。正是因为他到荣禄那里告密，说康有为和梁启超图谋不轨，才使得慈禧疯狂镇压维新派。光绪生平最恨的人，也是袁世凯。康有为绝对不会和袁世凯合作，但是梁启超就愿意捐弃前嫌。

辛亥革命爆发后，梁启超提出了"和袁，慰革，逼满，服汉"的八字方针。之后他就开始到处走动。因为他一直帮助五大臣推行新政，改革派的清朝贵族载涛和他关系不错。梁启超凑了一笔巨款给载涛，希望载涛能够帮忙联系，让他回国。最后他成功地回国了。对于梁启超的归来，袁世凯十分欢迎，还在内阁中给梁启超留了一个位置，让他做法部次官。虽然这届内阁只执政了 5 个月就倒台了，但是袁世凯一直很尊敬梁启超，经常请梁启超指导自己改革。

这就是梁启超的威力，不被人际关系和过去的恩怨、荣誉绑架，永远都向前看。

只坚持做一件事

接下来我们再看两个人，就是严复和杨度。

这两个人和梁启超是好朋友，而且是梁启超那个时代非常重要的两个知识分子。戊戌变法时，梁启超在上海和湖南组织社团，严复在天津组织社团，形成了一南一北两个高峰。严复一生中翻译了8本外国著作，尤其是赫胥黎的《天演论》，启发了无数中国人。

梁启超和康有为主张君主立宪，而杨度是君主立宪专家，对各国君主立宪制度都非常了解。清末新政时，梁启超和杨度成了好朋友。梁启超当时还是通缉犯，无法回国，杨度就回到国内帮助袁世凯施行改革，是国师级的人物。杨度和梁启超还是亲家，梁启超把女儿嫁到了杨家。

但是严复和杨度有一个共同的问题，就是太在乎自己的理想，以至于被理想绑架了。一旦理想不成，他们就变得灰心丧气。

严复是英国留学生，毕业于英国格林威治皇家海军学院。他觉得英国的思想是最好的，所以中国应该学习英国，实行君主立宪。但是到了民国时期，君主立宪破产了，严复就觉得前途失去了希望。后来他还迷上了抽大烟，借此缓解自己的绝望。

后来袁世凯宣布称帝，明显是开历史倒车，但是也就有了君主立宪的机会。于是，严复就去和袁世凯合作，成了筹安会六君子。

杨度也觉得君主立宪是最好的，因为他是这方面的专家。所以自从袁世凯当上了总统，他就经常劝袁世凯做皇帝。后来袁世凯使出了称帝这样的昏招，和过于信任杨度有很大关系。结果这个举动，把中国拖进了沉沉的黑夜里。

反观梁启超，他并没有什么海归的学位，读的书也都是外国的舶来品。但是他从来都不会认为哪一派说的一定是对的，在他看来，尝试一下是最好的，如果不行就抛弃掉。

梁启超也不迷信什么原汁原味，喜欢跨界和混搭。比如他在日本时，把日本的武士道、斯巴达的尚武精神和王阳明的哲学结合在一起，创造了一个中国式的武士道。就是因为这个特点，他在进入民国之后，做的事情就和严复等人不一样。

其实，袁世凯称帝时，除了拉拢严复这样的大知识分子，更希望梁启超能支持他。因为不仅两人刚刚度过一段蜜月期，而且梁启超也是以推行君主立宪闻名的。

所以在称帝一年前，袁世凯就派儿子袁克定去拉拢梁启超，还拉上了杨度作陪。但是梁启超不仅没有加入他的队伍，还亲手葬送了袁世凯。

这是梁启超一生中最华彩的一次。其实，梁启超面临的局面很危险，如果不答应袁世凯，就可能面临杀身之祸。因为人家手里有枪，而他只是个知识分子，手无缚鸡之力。

所以梁启超先是假意答应了下来，然后转身就跑到了南京，找到袁世凯的手下大将冯国璋，让冯国璋劝袁世凯悬崖勒马。冯国璋被梁启超说服了，后来袁世凯称帝，他是坚决的反对派。

回到北京之后，梁启超除了假装支持袁世凯之外，就开始写作那篇著名的战斗檄文：《异哉所谓国体问题者》。虽然他严格保密，但是消息还是泄露了。就在这篇文章即将印刷刊行的时候，袁世凯送来了20万大洋的巨款，希望梁启超能够闭嘴。

这篇文章如果发表了，梁启超无疑有生命危险。他害怕连累同仁，就脱离了自己一手组建的进步党。同时，他联系朋友，连夜出版了这篇文章，并让自己的学生蔡锷离开北京，共商讨袁大计。蔡锷从 13 岁起就跟随梁启超了，后来又跟着他到了日本。

这段时间里，蔡锷每个星期都去一趟天津逛青楼，故意装作一副沉溺酒色的样子，实际上是为了避开监视。梁启超帮忙把蔡锷送走之后，他自己也办了护照，护照上写的是洪宪元年，这也是为了避开监视。

《异哉所谓国体问题者》出版之后，立即传遍了大街小巷。转载这篇文章的《京报》，一会儿就被抢光了。买不到报纸的人就花钱借阅别人的报纸，把文章抄写下来。后来这份印着梁启超文章的报纸竟然变成了期货，价格一直在上涨。

第二天，《国民公报》也转载了这篇文章。因为版面太小，一期报纸没有登完。没买到报纸的人就到处打听，下一期报纸什么时候出。听到梁启超已经逃走的消息之后，袁世凯一怒之下枪毙了两个负责监视梁启超的侦探，并下令，抓到梁启超之后可以就地正法。

在护国战争中，最有名的两个人是北冯南陆。冯便是冯国璋，陆是陆荣廷，他们都被梁启超说服了，加入了讨袁的行列。

梁启超逃出北京之后，先是到了上海，然后在日本人的帮助下，伪装成外国人，躲在船舱底下到了香港。后来几经辗转，从越南绕道到了广西陆荣廷那里。梁启超用了很大的功夫，坚定了陆荣廷讨袁的决心。后来，大家公推梁启超做了总指挥。可以说，梁启超是护国战争成功的关键。

梁启超在整个民国时代，都坚决反对称帝。张勋复辟时，康有为觉得自己的机会来了，就加入了张勋的队伍。康有为和张勋自诩为文武二圣。梁启超发表文章，和康有为进行了一场论战。康有为骂梁启超是叛徒，用词特别激烈。梁启超也不客气，有理有据地反驳回去。

这就是梁启超，他不被理想绑架。正因为如此，他才能随机应变，不至于晚节不保。

梁启超的随机应变，在讨论中国是否加入第一次世界大战时，体现得特别明显。

1917 年之前，他坚定地认为德国必胜。因为德国当时军事实力非常强大，而且刚刚统一不久，上下一心。梁启超认为，这符合进化论的观点，物竞天择。

1917 年之后，他又认为德国必败，力主对德国宣战。

后来的事实证明，梁启超是对的。在 1917 年之前，德军一路所向披靡，打败了很多国家。这个时候，协约国和德国作战，未必有十足的胜算。

但是从 1917 年开始，德国开始了无限制潜艇战，把美国拖进了战争。美国加入之后，战场上的形势就发生了逆转，变得明显有利于协约国。这个时候，当然应该参战。中国作为战胜国，还能得到一些胜利果实，德国在中国的非法权益就可以收回了。

当时的主流外交家，比如顾维钧，都抱着这样的想法。但是内阁里的反对派们不同意，只要是段祺瑞主张的，他们就反对。当时有人联络了 300 多名政要，联名讨伐段祺瑞。因为梁启超帮段祺瑞写了文章，连梁启超也一起骂了。他们这样一闹，直接导致了段祺瑞内阁倒台。这些人的所作所为，实在让人齿冷。

后来梁启超总结过，他一生没有信奉过一个主义，也不追求什么政治正确。如果一定要有一个主义，那么他信仰趣味主义。

其实，戊戌变法并不是只有康梁这一支。戊戌变法真正的主力，都是张之洞的人。戊戌六君子里，除了康有为的弟弟康广仁之外，另外包括谭嗣同在内的四小章京都是张之洞的学生，是被张之洞派到北京帮光绪变法的。

张之洞的门人深得老师的精髓，对于未来有一种狂热的迷信。例如，谭嗣同做的学问叫唯识宗，核心理念就是杀身成仁。所以戊戌变法失败的时候，他坚决不逃跑。他说，自古变法没有不流血者，流血请自嗣同始。

但实际上，戊戌变法失败的一个重要原因，就是谭嗣同。当时，慈禧太后并不是死命反对变法。但是谭嗣同不知从哪里得到的消息，说慈禧太后要杀害光绪帝。

谭嗣同连夜找到袁世凯，想让袁世凯找人围住颐和园，先下手为强，杀掉慈禧太后。袁世凯认为这些人简直是胡闹，就把这件事告诉了荣禄，这才导致百日维新失败了。

从这些人的所作所为可以看出，他们对于未来容不得一点瑕疵。一旦发现有了什么阻碍，他们就会陷入疯狂，和人拼命。

梁启超有个对头，叫汪康年。这人也是张之洞的门人。公车上书失败之后，梁启超在各地办报，就想和汪康年合作。起初大家合作得还不错，但是后来汪康年就开始反对梁启超。

因为汪康年反对写文章有态度，认为应该客观中立。但是写新闻必须要有态度，否则就没有办法宣传自己的思想。因为观点不同，汪康年就把梁启超赶走了。

后来，梁启超找到了自己的终身好友黄遵宪，两个人合作办了《时务报》。这一次，梁启超找到了人生中最擅长也最喜欢的事情，这是他的安身立命之本。

办报纸是梁启超一生的起点。他负责所有的文字工作，亲自撰写评论。他还找到了自己的长处，就是写宣传文章。后来他写的《变法通议》和《西学数目表》，就是这样的文章。他办了两年报纸，出版了 36 期，发表了 60 多篇文章。

梁启超宣传的主张从来不是什么"一定要迎来一个红彤彤的新世界"，

他坚持的事情只有一点：做新民。他想要开民智、开绅智、开官智，这才是他一辈子要做的事情。

毛泽东早年间创办过新民学会，就是受到梁启超的影响。甚至可以说，毛泽东是梁启超的粉丝。直到晚年，他都觉得梁启超对自己青年时代起到了很大的影响。

后来，每当梁启超遭遇挫折，就去办报纸，把自己读书或者学到的新东西拿来宣传。1898 年，梁启超在横滨创办了《清议报》，3 年时间里出版了 100 期。这一年，梁启超进入了创作的高峰期，写了 100 多篇文章，其中就包括我们十分熟悉的《少年中国说》。

庚子勤王失败之后，他又在横滨创办了《新民丛报》。黄遵宪曾经评论道，梁启超创办的《清议报》远胜《时务报》，而《新民丛报》又胜过《清议报》。也就是说，梁启超在不断地提升自己，变得越来越强大。

护国战争的时候，梁启超和蔡锷等人承诺胜利之后就告别政治。后来护国战争胜利之后，他真的宣布退隐了。后来，黎元洪曾请他做总统府的秘书长，每个月给他 2000 大洋的俸禄，但是被他拒绝了。他觉得中国的问题不只是政治问题，对参政的态度也是要看时机，时机合适就出山，时机不对就隐退。所以，他就去了大学做教授。

梁启超每次写东西的时候都拼尽全力。他有一本很有名的小书，叫《清代学术概论》。这本书原本是给蒋百里的一本书写的序。因为是受人之托，他不好拒绝，于是开始认真地写，但是写的过程中发现无法停笔，竟然写了 10 多万字，就干脆写成了一本书。

梁启超特别喜欢在全世界旅行。1903 年，梁启超环游美洲，在 10 个月时间里游历了 20 多个城市。1919 年，梁启超又开始了欧洲之旅。这是五四运动爆发的那一年，也是巴黎和会召开的那一年。后者正是前者的导火索。

当时，中国政府的外交谈判代表有 5 个人，本来不包括梁启超。但是他托了关系，和代表们一起到了欧洲。代表们在谈判，他就借着这个机会在欧洲各地游历。

梁启超见到了很多过去想见的人，有政要也有学者。他在欧洲受到了盛大的欢迎，美国总统威尔逊亲自接见他，法国万国报界俱乐部也请他去发言。他还去了一趟第一次世界大战的战场，感受了现代战争的残酷。

在此期间，梁启超来到了法国的一个山庄，发现环境不错，就干脆在那里居住了两个月。他用这两个月的时间，写了一本《欧游心影录》。在这本书里，他又推翻了过去的自己。他曾经觉得应该学西方，可是欧洲打成了这个样子，所以他觉得不能完全照搬，认为中西结合才能救中国。

梁启超一生都在捐款，热心于启蒙事业。他把《欧游心影录》的 4000 大洋的稿费都捐给了他办的共学社，用来翻译了 100 多种人文社科类的西方书籍。1921 年到 1923 年，梁启超回到国内，没有参加政治活动，而是在全国各地巡回演讲。

他每次讲课都准备得很认真，在宣纸上整整齐齐地写好讲稿，然后在现场声情并茂地演讲，每次都用尽全力。民国大散文家梁实秋在现场听过梁启超的演讲，据他回忆，那种感觉就好像是听人朗读剧本一样。

1924 年，梁启超的身体已经不太好了，但是还在勤奋地写作。因为忙于上课，他一直没有时间去看病。起初，他找了一位德国大夫看病，没有发现问题。后来他去了协和医院，拍了 X 光之后，才发现有一个肾出了问题。做了手术之后，梁启超的健康状况依然没有好转。

这个时候媒体开始炒作。梁启超有个弟弟叫梁启勋，为他打抱不平，写了一篇《病院笔记》，对西医极尽贬损，说梁启超被西医误诊，割掉了一个肾。陈西滢、徐志摩等梁启超的学生也撰文抨击西医，引发了一场"中医西医"的是非之争。

梁启超怕人们误解，因此不相信现代科学，就写了一篇《我的病与协和医院》。他在文章中说道："右肾是否一定要割，这是医学上的问题，我们门外汉无从判断。据当时的诊查结果，罪在右肾，断无可疑……出院之后，直到今日，我还是继续吃协和的药，病虽然没有清楚，但是比未受手术之前的确好了许多……我们不能因为现代人科学智识还幼稚，便根本怀疑到科学这样东西。"

1929年2月，梁启超去世，年仅56岁，算是英年早逝。他去世的那一天，北京和上海都为他举办了公祭。北京到场的有500多人，挽联就有3000件。上海也有上百人到场，为他送行。

这就是梁启超，就像他的名字一样：像房屋的大梁一样坚固，启蒙了一代人，希望他们每天都能超越自己。

面对多变的世界，我们要像梁启超一样，始终在学习，始终在超越自己。所谓的终身学习，不是为了满足自己的虚荣心，也不是为了显得自己多有学问，而是为了在一个不断变动的时代中，能够始终立于不败之地，成为一个对得起时代、对得起自己的人。

后记
拥抱不确定人生的三个心法

如今，进阶这个概念非常流行，意思就是像迈台阶一样，实现从初级到高级的跨越。人人都渴望进阶，然而要做到却不容易。下面几种人，就很具有代表性。

那些抱着确定性不放的人

你是不是经常会遇到这么几种人？

第一种人，他们从小就在父母的安排下，选择了一份安定的工作，逃离一线城市，在老家安居乐业。

另外，北上广等一线城市也存在着大量相对高净值、低收入的年轻人，他们家里往往有好几套房子，身价都在千万以上，做着稳定的工作，虽然工资不高，但感觉生活很滋润。

前两年，人们都觉得小确幸是个挺文艺的词，那是因为大家都没有真正思考过小确幸群体的背景。如果你压力无比大、经常焦虑到失眠，估计你不会给自己的生活打上小确幸的标签。

第二种人刚好相反，他们不是不焦虑，而是太焦虑了。他们每天都看财经节目，关注美联储是否加息、股市指数多少、比特币价格等信息。甚至还有人问我，美联储加息了，我要不要去买点美元？

我问他，你有多少钱？

他说，大概两三万吧。

这种人就是太焦虑了。前年流行O2O，就学习O2O；去年流行区块链，就学习区块链；今年流行知识付费了，就学习知识付费。他们像蚂蚱一样，上蹿下跳，看着就让人觉得焦虑。

第三种人比较有意思。他们知道追潮流没有意义，更愿意踏踏实实地学习。所以，在忙碌的工作之余，他们还会报各种培训班，平时看书充电，周末就到处听课、学习，整天忙个不停，感觉自己很勤奋、活得很充实。然而，他们的人生往往无法取得突破，依然会遭遇天花板，很难实现进阶。因为他们只是看上去很努力，却没有努力到足以打破自己的瓶颈。

第四种人，他们每天都在梦想着自己一夜成名，然后环游世界，或者开始创业，打造出一个伟大的上市公司。然而，他们只负责畅想，却忘了落实行动。最终，他们依然心怀梦想，住着出租房，吃着泡面，从来就没真正做过自己想做的事情。他们越是每天梦想着会成功，就越不愿意加倍努力，因为他们在幻想中已经爽过了一次，还有什么好努力的？

各位对照一下，你的身边是不是有这样的人呢？

他们虽然是完全不一样的类型，但都有一个共同的思维框架：追求一个确定的东西，而且迫切希望这个确定的东西可以长久拥有，幻想着它会马上到来。

追求安定生活的人，他们相信现在的生活就是确定的，以后也不会有大的变化，所以安于现状就挺好。

这让我想起纳西姆·塔勒布的作品《黑天鹅》里的一个故事：一个农夫养了一只火鸡，最开始48天，每天好吃好喝地喂养着。那只火鸡生活悠闲，舒服自在，坚定地认为农夫是真心爱自己的。可是第49天，感恩节到了，农夫这次带来的不是的饲料，而是一把刀。

　　那些过度焦虑的人，他们追求的确定是网络和媒体告诉他们的宏观趋势。美联储加息是确定的，A股上涨是确定的，但这和他们又有什么关系呢？

　　其实，有很多行业是逆潮流的，经济越不好就越繁荣。比如教育行业，经济萧条了，人们都想花时间提升自己；比如保险行业，社会越不稳定，保险行业就发展得越好。即使股市不太景气，也有一些逆市上扬的绩优股和蓝筹股。那些真正有眼光的投资人都不太在意宏观趋势，他们总能找到那些大家都不看好的价值洼地，从中获取利润。

　　再看那些学到知识瘫痪的人，他们追求的确定是他们的舒适区。在学知识的过程中，他们慢慢进入了舒适区。对他们来说，学习的过程其实很舒服，但它不是结果导向，而是过程导向。

　　他们想要追求的成功，真的和这些知识有关系么？我看也未必。就像我们这代人学英语，光背单词不一定管用。要想说好英语，就要多开口多说。

　　最后一种人，看着好像是在追求确定性。但其实呢？他们追求的也是一种确定的格局：一个红彤彤的新世界。

　　就像电影里经常出现的套路：主人公本来是一个很平凡的人，但在机缘巧合之下，经过一组蒙太奇的画面，这个人抓住机遇，顺利融资、赚钱、上市，最终成为了富豪，实现了人生的逆袭。

　　但是，这毕竟是电影啊，现实生活往往不会如此简单和顺利。白日梦想家们追求的确定是一组电影蒙太奇，中间环节被他们刻意忽略，只留下那些成功与荣耀的瞬间——走红毯、环游世界、上市敲钟、被记者围堵……至于中间的关键过程，他们并不在乎。他们眼里看到的只是 J. K. 罗琳以前失业在家，现在她比英国女王还有钱；成龙大哥之前送过盒饭，现在是国际巨星；李安失业在家带孩子，现在是好莱坞大导演；比尔·盖茨辍学创业，后来成了世界首富。

几年前，我在罗辑思维做策划的时候，有人在微博后台给我留言：老师，我看了你写的节目，现在已经辍学了，请问我该做什么呢？

如果你去问一个每天梦想着当电影明星的人，他们知道北京电影学院、中央戏剧学院都是怎么考的吗？考试都有什么科目？学校都有哪些专业？哪个一线明星是这个专业出来的？今天的当红明星里，有几个是中戏旁边的速成班出来的？

再比如，这些明星每天到底过着什么样的生活？是夏威夷海滨、红地毯这些故意让我们看到的，还是每天在苦哈哈地求着制片人、出品人让自己演主角？还是每天催着公司结算演出费用？

这些白日梦想家其实也就是梦想一下而已，如果被逼问急了，他们就换一个梦想，继续去用下一个梦想麻醉自己。

传记文学和成功类书籍特别容易给人一种幻觉——成功来自于坚持，或者来自于梦想和规划。然而，在现实生活中，并非如此。

阅读传记的时候，我特别喜欢注重细节或者描写作者早年经历比较多的自传。因为我想知道在光鲜的外衣背后，到底有哪些我们平时看不到的东西。比如，比尔·盖茨从辍学创业到成为世界首富，中间经历了什么人生转折和重要抉择？他遇到了什么人、做了什么事，让他的人生不断进阶？

当我读完这些细节的时候，往往会发现他们人生的进阶都是来自于偶然的机会。因此，想要活出积木型人生（这个概念后面会解释），最需要的就是创造偶然的机会。

创造信息链节点及增量

人们之所以喜欢确定性格局，是因为比较好掌控，一切看似早都定好了，只要按部就班地做就可以了。而不确定格局不容易被人们接受，也是因为到底怎样才能从不确定中获益，这本身就是一个"不确定"的事情。

但是，从不确定中获益也有心法，而且操作起来比追求确定性更简单，过程也更容易收获幸福感。

从不确定中获益，最重要的一个心法是：跟着信息链走，你的信息链越多元，从不确定中获益的机会就越大。

我是学历史的，在历史学界有一本影响很大的书《叫魂》，作者孔飞力在这本书里提到一个观点：权力的本质是传递信息。信息没了，权力也就随之消失了。

比如说，如果公司的 CEO 可以不经过你的上司，直接听取你的工作汇报，那么你的上司的权力就消失了，他这个职位可有可无。

钱穆先生总结中国历史的时候，在《国史大纲》中也提到过一个规律：历史上临时用来传递信息的官职，会不断地固定化为新的部门，这是中国制度史的一种现象。皇上派出去打探消息的人，会逐渐被固定成一种新的职能部门。当这个职位固定了之后，皇上又要派出新的人去打探消息，然后再直接上报给他，这些人会再一次变成固定官职。

如果皇帝彻底被官僚系统阻隔了信息链，那他就不是皇帝了，只是个傀儡。《三国演义》里的汉献帝，唐朝被太监把持的皇帝，都是因为信息链被割断了，成为了没有实权的傀儡。而中国历史越发展，皇权就越是强大到可以为所欲为，也是因为信息链系统越来越多元，到最后甚至发展出了东厂锦衣卫制度、密折制度和织造制度。

如果你想要建立一种像搭积木一样的人生，就得让自己的信息链变得更加多元，并且随着信息链的开拓，不断地用自己的能力和实力配合上新的信息链，这样慢慢地你就会发现自己创造了一种很高级的生态。

通俗化一点的表达就是：你需要认识更多比你厉害的人，并利用你的优势和他们合作，把这种关系固化进你的生态系统里。

因此，关键不在于你"知道"了什么，而是和比你厉害的人一起"做"了什么，你们合作的这些事情，就是你的信息链节点。

确定性的人生最大的问题正在于无法建立这种信息链节点。前面谈到的四种人，他们都有这种问题。

那些追求安全稳定生活的人，他们的圈子就那么大，也没有动力寻找新的合作机会。那些学习到知识瘫痪的人和关注宏观趋势的焦虑症患者，他们只能和书本、课程、逻辑打交道，同样创造不出合作机会来。至于那些白日梦想家们，他们追求的是结果，不是过程，根本不会花时间去推动事情的进展。

我经常看到这样的提问：毕业多年，同学都不联系了，家长介绍的人我又不喜欢，我现在找不到女朋友，我该怎么办？

这其实不是一个婚恋问题，而是信息链出了问题。

提出这种问题的人，未必是前面几类人，他很可能是遇到了下面几种情况。

第一种情况。刚刚进入一个陌生的系统、新工作、新城市甚至是新行业。在这个格局里短期内还没找到自己的位置，寻找不到扩大人脉圈的机会。

这种情况的主要缺点在于，时间不等人，没有那么多时间去等着自己成长，如果不能在新环境里迅速找到信息链节点，事业就会遭遇瓶颈，甚至会在新环境站不稳脚跟，不得不败退下来。

但这种情况也有优点，就是你进入的新格局会有很多意想不到的机会。

第二种情况。原来的人脉圈长期稳定，几年来认识的都是那些人，再怎么维护也还是那样，无法创造新的信息链节点。

这种情况的缺点在于，随着年龄的增长，温水煮青蛙，信息链困境会成为事业的瓶颈。但优点也很明显，因为这个圈子太熟悉了，所以它很稳定，有的是时间去尝试新事物。

第三种情况。在原来的人脉圈里触动了某些领导级人物的利益，得罪了某些人，或者大环境出现了重大变化，新的领导级人物特别不喜欢你。

在封闭、稳定的环境里特别容易出现这种情况。假如你是一位普通的科员，新来的领导就是看不上你，所有人都开始孤立你，你又不能辞职，这就会让你处处受阻。

如果这种情况处理不善，你的处境会非常危险。但优点在于，某一个领导级人物并没有能力破坏掉你的全部信息链系统，你还有翻盘的机会。

出现这三种情况的时候，我们都很容易在一段时间里无法创造信息链节点。短期来看，会让自己抑郁，甚至怀疑人生；长期来看，这将成为你后续发展的瓶颈。

打破信息链困境的三个心法

如果你能够掌握打破这三种信息链困境的方法，今后的人生中遇到信息链瓶颈的可能性将会变得极小。下面三个心法，足够为你打开新的局面，创造新的信息链节点。

第一招：营造一个"围城打援"的局面。

当你进入一个新的环境之后，为了尽快地证明自己，往往会参与一些自己并不熟悉的项目，把它当作信息链节点来做。然而，这么做往往会让你陷入"九连环格局"之中。

那么，面对这种情况，如何破局？在抗日战争和解放战争时期，八路军和解放军常用的"围城打援"法，能够提供借鉴和参考。

所谓"围城打援"，就是制造一种"态势"，让四面八方的人涌向一个中心，我方在路上设置埋伏，等待对方的援军进入预设好的局中来。

围城打援的核心不在"围城"，而在"打援"。所以，你需要在新的环境里订下一个很长远的计划，但你的目标不是完成这个计划，而是在执行计划的过程中，与可能接触的人和机构建立一系列的信息链节点。

如果你很用心地在营造这一个个信息链节点，一两年之后，尽管你原本的目标早已经改变了，但你已经收获了无数个信息链节点。

桑德伯格在她的作品《向前一步》中，提到了"制定一个长远的目标和一个18个月的小目标"，对此我深表认同。这个长远目标就是你的"围城"，而这个"18个月的小目标"才是你要完成"打援"、建立信息链节点群的真实目的。

第二招：营造一个花园，慢慢培养几个不一样的信息链节点。

当你的人脉长期稳定，无法创造新的信息链节点时候，就不要再尝试"围城打援"法了，因为你身处的环境已经没那么多"援军"了，甚至连一个值得你去"围"的"城"都没有。而且，在这种环境里，如果你贸然扯一面旗帜，宣布自己要做一件大事，很可能会遭人白眼。

因为这种环境相对安全稳定，所以你可以尝试培养好多种可能，慢慢尝试。把人脉想象成一座花园，我们在这座花园里养了许多花草，定期浇浇水，看看哪个长得快一点。

你可以尝试一些新的可能性，与你认识的新的有趣的人尝试合作一些"小而美"的事情，时间一久，适合你转型的机会自然就出现了。

很多原本有稳定工作的职员想要离开体制，寻找辞职创业的机会，用的都是这个方法。

第三招：与其寻求和解，还不如投资一种长期的新可能。

如果你遇到的是第三种情况，那我建议你就不要尝试和解了。因为你得罪了大佬，他们在圈子里地位高、人脉广，还能决定你的命运，没有足够的筹码，他没有理由忽然转变对你的态度。

如果你想花钱讨好他们，我建议你趁早把这笔钱用在别的事情上。

我有个好朋友，微信大号"剽悍一只猫"的创始人猫老师，就是这么做的。

我们认识的时候，他还是一位生活在二线城市的法语老师。因为不想长期生活在一个不利于自我成长的环境里，所以他想尝试写作。

在闭关写了几个月的文章之后，他开始了自己的"投资"之路。他在"在行"APP上约见了许多行业大咖，经常慷慨打赏感谢帮助过自己的老师。他有一次跟我说，他一年发出去了几十万元的红包。

其实，知识付费的兴起，大大降低了和大咖产生链接的成本。在过去，如果你想认识某位行业精英，即使托了关系，人家还不一定见你。但是现在你可以通过订阅专栏、参加线下大课、在付费平台上约人咨询等方式，轻而易举地见到你想要见到的人。

所以，与其把钱花在那些不喜欢你的人身上，还不如多花在那些在未来有可能喜欢你的人身上。

这三招都有一个共同特点：抛弃存量，因地制宜地创造增量。

如果你身处变动的新格局，最好"发明"一个增量。

如果你身处一种温水煮青蛙的格局，最好慢慢"培养"许多增量。

如果你现有的格局遇到了重大危机，最好迅速"投资"一个增量。

这也是拥抱不确定人生非常重要的原则。

把不确定的人生活成一种格局

前面的方法都属于战术层面，那么在战略层面，我们应该怎样营造一种拥抱不确定的人生格局呢？

我通读了上千部人物传记，深入地研究了一些名人的成长经历之后，发现他们的成长路径大体可以分成两种：

一种是以赫本和施瓦辛格为代表的名人。他们的人生一步一个脚印，只向上走，并没有一个预设好的终极目标。就像电影《摆渡人》里面的台词："人生没有尽头，只有路口。"这种人生就像是成长为一棵参天大树，树有多高并不重要，关键在于不断生长。这种人生格局，我称之为积木格局。这种人生就像搭积木一样，日益精进，越积越高，最终拼成一座高楼大厦。

可是另一种人生路径就刚好相反，他们的人生只有尽头，没有路口，以最终结果论成败，要么大获全胜，要么满盘皆输。这种人生格局，就像进了赌场一样，一次次地下注，每一次都是全部押上，结果要么满载而归，要么输光一切。所以，我称之为对赌格局。

对于后一种人生，其实我们很熟悉，因为中考、高考就是典型的对赌格局。

大学时期的考评制度基本上都是积木格局，而在中学时代的评级制度却差不多都是对赌格局。

上中学的时候，平时的考试只能推动结果，不能决定结果。在高考考场上发挥失常，或者碰巧那天身体不舒服，都可能让你多年的努力付诸东流。这与大学评奖学金的 GPA 加权成绩算法不一样。

历史上的那些"大帝"，比如亚历山大、拿破仑、成吉思汗、唐太宗，他们的人生就是典型的对赌格局。拿破仑一生创造了无数次军事神话，不仅在一次次战争中保卫了法国的安全，还摧枯拉朽地击垮了一批老牌君主国家，甚至差一点儿统一欧洲。但是 1812 年远征俄国失利，却让他之前的努力付诸东流，所有的成就转眼成为幻影。

现实中对赌格局无处不在，只是你可能没有意识到。它们在我们身处的项目里，也存在于我们和许多人的人际关系之中。你的成就和晋升，往往取决于一个订单或者上司对你的赏识，稍有不慎，就会功亏一篑，败走麦城。桑德伯格在《向前一步》里打过一个比方，职场就像是在爬梯子，向上看只有领导的屁股，向下看都是别人的怒目。

如果你的回报和所做的事情是不挂钩的，只取决于上司的心情和人际关系，那么哪怕你是在一家小公司工作，也还是无法施展自己的才华和智慧。

我身边有很多创业者，他们的人生也是一场对赌格局——要么公司上市，他们把原始股权套现；要么创业失败，血本无归，几年心血化为泡影。

这些对赌格局，都是人生中最常遇到的一种格局。人们之所以会进入到对赌格局里面，是因为这种格局可以用很小的成本获得很大收益。

《反脆弱》的作者塔勒布把人生分成三种类型：脆弱型，强韧型和反脆弱型。

脆弱型的人生，他们让自己暴露在负面黑天鹅之下，一旦出现大的风吹草动，就可能全盘失败。

强韧型的人生，他们有很强大的复原能力，外部环境改变不了他们，他们也不能从外部环境中获益。

反脆弱型的人生则是一种可以随时应变，并且能从环境中获益的人生。

我们的人生想要实现快速成长，就应该抓住人生中的对赌格局的机会，尽可能地像反脆弱型的人生一样，从对赌格局中获益。

对赌格局还可以分成两种形态，一种叫九连环格局，一种叫棋牌格局。

棋牌格局就像是大家坐在一张桌上打牌，你出一张，我也跟着出一张，规则制定好之后，彼此心知肚明。只要不出现规则破坏者，就可以确保按部就班地达到目标，并从中获益。

而九连环格局不一样，这种对赌格局就像我们小时候玩的九连环，拆开一个还有一个，再拆一个还有下一个。有的时候你已经拆掉了九连环的八个连环，只是差最后一个，但怎么也解不开。为了把那最后一个解出来，原来拼好的几块很可能也要被打破。玩魔方拼到最后一格的时候，往往也是最难的，搞不好就要从头再来。

九连环格局就像这种游戏一样，让我们一次次地投入，搏上一切，始终看不到尽头，直到把自己拖死，更有甚者会一招不慎、满盘皆输。

对应反脆弱理论，这种九连环格局就属于典型的脆弱结构；而棋牌格局是一种强韧结构；赫本和施瓦辛格式的积木人生，则对应着反脆弱结构。

	积木格	对赌格局	
反脆弱理	反脆弱结构	强韧结构	脆弱结构
三种格局	积木格局	棋牌格局	九连环格局

就以招生制度为例。

众所周知，美国的大学招生是自主招生，而中国和许多亚洲国家的大学招生是考试招生。在我国的招生制度里，只有北京和上海的招生制度比较像积木格局，其他的基本都是对赌格局。

在北京和上海，虽然是高考分数决定你能上什么大学，但这场博弈从小学就开始了，你很难看到平时混日子、高三拼搏一年就考上名牌大学的孩子。因为在小学升初中的时候，孩子们就已经在各种综合评分中确定了谁能进"普通班"，谁能进"重点班"。随之而来的是一轮又一轮的筛选，在一场测试中获胜的孩子才有资格进入下一轮，越到后面，他们的压力也越小。

除了一线城市，绝大多数中国省份的考试，都是一种棋牌格局。这种教育模式虽然有一些问题，却是一种信息链开放的格局。美国的自主招生纵有万般好，却是一种信息链封闭的格局。

如果你想申请美国常春藤盟校，首先要具备足够强大的综合实力。然而，决定最终是否录取你的，并非综合实力。在招生过程中，没有明确的规则，主要取决于主观意识，人的因素变得很重要。

常春藤盟校都很看重英语语言能力，如果你的托福成绩接近满分，却不一定能够成为被录取的决定性因素，也许学校方面更看重你的学术能力，有没有在核心期刊上发表过文章。

如果你的语言能力很强，也在核心期刊上发表了一些文章，是否就已经足够了呢？也不一定。学校还要考察你的背景：你所在的学校和推荐信。

如果这两条也具备了，是否足够确保能申请到名牌大学呢？也不一定。学校还会衡量你参与或者组织过什么公益事业和社会活动。这些因素也会提升你的录取几率。

那么，上面提到的因素都很完美，是否就足够了呢？也不一定。这还要看你申请的院系和导师当年的申请情况，甚至是导师的心情。

总而言之，这简直和拆解九连环是一样的，拆掉一个又出现一个，即使我们拼劲全力都拆掉了，也不一定能确保被录取。如果你没有被录取，那就是满盘皆输，前面所做的一切努力付诸流水。

所以，我们一定要尽最大努力避免进入这种九连环格局，因为它有三个特点，足以把我们摧毁：

第一，每走一步都缺少反馈机制或者进度条，最终结果没有明确的标准，需要无限地投入，最后陷入军备竞赛逻辑。

在一个中国高中的班上，每次考试的成绩都会形成一种反馈机制，这一次没考好，下次努力考好就是了。可是美国大学的申请机制，你完全无法了解当年的情况，尤其是校友捐款之类的情况，只能寄希望于运气。

棋牌格局的最终成败标准是对所有人公开的，因此有很多成功经验可以借鉴。然而，九连环格局并非如此，它没有明确的标准，格局里的人永远都不知道自己是否达标了。中国学生申请美国大学的时候就经常出现不停刷分的现象，直到托福和 GRE 考到满分才算心安。但即使这样，捐款要捐多少呢？公益事业和社团活动要做多少呢？没有一个确定的标准，只能是多多益善。

第二，最终结果依赖人不依赖事，信息链不开放，评判标准取决于一个人或一群人的心情和人际关系。

我怎么知道申请的导师那段时间心情怎么样呢？即使一线大明星杨幂、刘亦菲、刘德华都会有人粉转黑，我又怎么会知道他是否会喜欢我呢？其中的变数太多，而且完全是随机不受控制的。

　　第三，越到最后投入得越多，越到最后越输不起，没办法抽身而退。

　　吴晓波先生在他的代表作《大败局》里面提到的那些失败企业，基本上都有九连环格局的特点：

　　一方面，他们在企业发展到关键阶段时，把资金全部压上，要么投资在广告宣传上，要么投资在扩张上。在最后一个环节，资金链周转不开，"一分钱压倒英雄汉"，导致整个大厦崩塌。

　　另一方面，他们做的项目工期特别长，中间存在许多不确定因素，需要无限制地投入，最终没有完成交付，就被资金链拖垮了。

　　另外，他们在核心项目增长放缓之后，就寄希望于靠下一个项目转型，就这样一环扣一环地拼凑了一个长长的链条，到最后一环的时候，一条负面的媒体报道都足以轻易将其击垮。十几年前，经济学家郎咸平可以用一篇文章击垮德龙集团，近几年又持续地唱衰乐视，也是看准了九连环项目的这种特点。

　　所以，让自己陷入九连环格局，就等于把自己逼入一种境地，只有最终一次的成败，且这次成败完全靠运气。这是我们能想到的最差的一种格局了。

不要温和地走进那个良夜

接下来，我们看看现实生活中有哪些格局是九连环格局？

	积木格局	棋牌格局	九连环格局
工种	猎人	工人	农民
招生	一线城市的高考	应试教育	自主招生
影视	导演、明星	制片人、幕后人员	编剧、出品人
职业	个人工作室	融资创业	乙方、公务人员
婚姻	男"财"女貌	门当户对	驸马
学术	经验研究	理论研究	实验科学
部门	销售、产品经理	技术人员	CEO、公关、客服
行业	连接类行业	平台类、产品类行业	艺术、创意行业
投资	股票、区块链货币	基金、房产	放贷、参股、期权

以影视行业为例，这是一个高收益、高风险又充满不确定的行业，最终结果取决于上映期间的票房。这个行业虽然是结果定成败，但却不是那种需要无限投入也无法确保最终结果的行业。随着明星薪酬制度的确立和类型片的出现，再加上近几年 IP 的兴起，投资回报机制也基本固定下来了。所以从行业上看，这是个棋牌格局。

然而，在这个行业里，不同的职业之间又是充满差异的。比如说导演和明星，他们是猎人，四处寻找猎物，一旦得到机会，收入和回报是确定的。而且随着作品的积累和奖项的获得，收入也会随之快速增长，甚至是爆发式增长。

而剧组工作人员等幕后人员，他们的主要职责是按照要求执行项目，然后交付。虽然中间充满了不确定因素，但是评判标准是相对固定的，只要他们能保质保量把活做出来，一定可以拿到钱。

在这个行业里面，有两个职业却属于典型的"九连环"职业。一个是出品人，一个是编剧。出品人也叫投资人，负责确定选题、出资、对接资源确保收入。这个位置就非常符合九连环格局的三个特点：

第一，没有反馈机制。在影片成片之前，没有人能预料到外界环境的变化，能不能卖座也不取决于他们的主观意愿。

第二，在制作影片的过程中，随时会出现意外情况。预算不够，或者平台要求很多，或者是已经签约的主角突然爆出丑闻。很多突发情况都会影响到最终结果。

第三，影片能不能拿到理想的院线排片，或者是版权能否卖出好的价钱，比较依赖于个别人的主观意愿。因为拿不到院线的排片，很多好片子最后都被埋没掉了。

所以，这类职业一般都只是那种有雄厚资本和强大人脉的机构才有能力去操盘的，普通的投资人不会轻易涉足这样的行业。

编剧行业就更是如此了。

第一，写剧本的过程，并没有反馈机制，每个编剧都在孤军奋战。在最终完成之前，编剧得不到有效的反馈，全凭个人的经验和判断。

第二，结局只有两种，拍或者不拍。可到底拍不拍，给不给编剧署名，在上映之前没有人知道。即使是知名编剧，也至少有三分之一的剧本最终未能进入市场。

第三，剧本写得好还是不好，绝大多数时候都没有明确的标准。正因为如此，不少编剧抱怨自己被人欺骗了。为了让制片人满意，他们无数次地修改。然而，制片人是否满意，可能和那一天他出门时候的心情有关，和编剧本人没有关系。

再比如学术研究。

很多专业的主要工作是采访、调查、获取并分析数据，比如社会学、人类学、工学和历史学。这种行业，付出多少就能有多少回报。只要你足够勤奋，愿意付出努力和心血，就一定能出成果。而且，这种专业的专家学者随着年龄的增长，拥有的样本库会越来越大，成就也越来越高。

　　还有一些专业的主要工作是专注于提炼理论、建立模型。比如数学、经济学、哲学、文学、天体物理学，都是如此。这种行业是典型的棋牌格局，前人的成就和思考方式都可以作为后人研究的样板。只要你掌握了其中的规律，并且付出大量的智力和时间，按部就班地做，就会出成果。

　　但是有很多专业，就是一种九连环格局。比如医学、实验物理学、化学。这类学科的主要特点是提出假设，通过实验来验证假设。很多有才华的专家学者在实验室潜心研究了一生，结果发现，提出的假设无法验证。而那些验证成功的，哪怕只是靠运气，也可以暴得大名，拿奖拿到手软。正因为如此，这些专业会出现学术造假和学术纠纷。

　　进入九连环格局的人就像是靠天吃饭的农民。他们只能专注于自己的一亩三分地，无限期地投入心血和汗水，等待秋天收获之后、赶集的那一天才能知道当年的行情。很多人忙碌奔波了一年，才知道自己血本无归。

　　我们在人生选择中，应该尽可能地让自己从不确定中获益，而不是把自己暴露在各种负面的黑天鹅事件中，遭受那种毁灭性打击。

　　因此，我们应该尽量避免让自己陷入九连环格局。因为一旦身处其中，极有可能满盘皆输。时间宝贵，随着年龄的增长，翻盘的机会已经越来越少了。

打破人生的九连环格局

假如，你所处的行业、职业和职位刚好就在九连环格局中，应该如何应对？或者，你刚好是一个喜欢风险和刺激的人，喜欢对赌格局，是否有办法破解它呢？

当然有！难吗？其实也不难。其实，在对赌格局中，有三个方法可以帮助你快速破局。

第一个办法，创造一种逆向反馈的机制。

九连环格局有一个特点：过程缺少反馈机制，结果不够清晰。所以这种格局的破解之道，就在于建立一种不需要终极目标的逆向反馈机制。

所谓逆向反馈机制，就是把所有最终决定输赢的几个要素拆解，然后按照自己的节奏，重新拼搭这些要素，让这些要素都足够强大。因为要素是按照你的逻辑拆解的，再搭建起来，也还是可以按照自己的节奏进行。

这个办法，应对九连环格局和棋牌格局都适用。

当年，我就是用这种方法来应对高考的。

初中的时候，我被分在一个高干班。然而，这种高干班看起来光鲜，弊端却非常明显。

最典型的表现就是——按照家长的身份地位安排座位。出身平凡的我只能坐在最后一排。在最后一排看讲台上的老师，只能看到一个人影，完全看不见黑板上的板书。在这种情况下，学习只能自学，考试全凭瞎蒙。

有一年暑假的时候，我在家闲来无事，就翻出外公的一本繁体竖排的《清史演义》来看。读到萨尔浒之战清太祖全歼明军的时候，我忽然顿悟了。

既然规则对我如此不利，我为什么非要按照规矩来呢？凡事靠自己也可以呀！

　　我父亲大学学的是化学专业，有一次他无意间对我说："想学好化学，你就记住一条：把元素周期表横着背熟，再竖着背熟。"后来，我试了一下，果然很有用。结果，我只用了3个月，就能将化学知识运用自如了，化学成绩也上去了。

　　如此看来，其他学科也都可以如法炮制。于是，我在高中时候就定下来一个战略：反正一共3年时间，高考就6个学科，我就每年把全部精力用在两个学科上，直到彻底学好为止。至于其他学科，听好老师讲课就行，相当于战略性放弃。到高考前期，再逐一整合起来。

　　高一还没有文理分科，我就和坐在第一排的同学打好招呼：上历史和地理课的时候，我们交换一下位置。他欣然同意，可以安心在后排学习其他课程，不用担心被老师发现，而我则可以认真学习历史和地理。这种安排，皆大欢喜。

　　当时，我们班的学生基本都要上理科班，所以文科类课程，大家都不太用心学，也没有人认真听课。对于这种情况，文科老师也特别生气，我就跟老师说："他们不听，你给我一个人讲吧。"老师一怒之下，最后干脆对着我一个人讲课。

　　其实，这个方法挺冒险的，因为我高一主攻历史和地理，暂时放弃了其他四门课程，数学经常考二三十分，古文背诵经常挨骂罚站。我心里很不服气——古文背诵高考的时候只有五六分，完全没有必要在这方面花费太多的时间。我也绝对不能按照常规的规则来学习！

　　当然，我这种方法能够实行也是有原因的。我考进来的时候是全校最后一名，不是好学生，也没有人对我寄予厚望。就这样，我顺利地过完了高一。

一年多以后，当我把数学和语文顺利拿下之后，老师才发现，我好像再也没掉出过班上前 3 名。

高考前 3 个月，为了保持心情愉悦，我晚上经常去滑冰，要么就读二十四史，还看完了当年热播的电视剧，我到现在还记得它们的名字——《贞观长歌》《神雕侠侣》《杨乃武与小白菜》《错爱》《江塘集中营》《武林外传》《天道》……

在这个过程中，我把最终的目标化解了，它变得不再重要。我建立了一种适合自己的反馈机制，自己决定和把握时间、节奏，每完成一项就能获得一种成就感。这就相当于把九连环格局转化成了积木格局。

如果你实在拼不好魔方，就打破规则，把魔方上面的颜色条都撕下来，再按照颜色重新贴回去，魔方也就拼好了。

如果你的职业刚好是一种九连环型的职业，比如编剧或者公关人员，都可以用到这种办法。总有人问我："我想做个编剧，可是不知道该从何入手？"

我一般会这么回答他们："要成为一个优秀编剧，需要哪些能力？除了积累作品、打磨写作能力之外，还需要有搭建写作团队的能力，以及在编剧圈子里获得机会和认可的能力。你可以把这几种能力拆解之后，逐一修炼，直到炉火纯青。"

比如，一个剧本从立项到拍摄，时间周期很长，作为一个没有作品的新人，在这段时间里，你可以试试写小说，要么出版，要么在网络连载。一旦人气暴涨，你的身价也会随之提升。作家琼瑶当年走的就是这条路，她后来修炼到了只拍自己的作品，再也不会受别人的压榨。

再比如，你可以在这段时间里慢慢搭建一个自己的小团队，大家共同进退，组成一个利益共同体，不管接到什么项目都一起做。通过一段时间的磨合，大家的合作就会变得熟练，也不用担心写作效率低、速度慢的问题了，达到了事半功倍的效果。在今天的编剧圈，确实也有亲自独立完成的编剧，但更多的还是组团写作——这样可以多接点剧本，也能降低风险。即使再倒霉，也总有一部会进入拍摄流程的。

第二个方法，找到核心能力，发展自己的长板。

应对九连环格局，其实还有一个更好的办法：找到自己的核心能力，大力发展自己的长板（优势）。当长板足够长的时候，你就可以成为一个规则打破者，你的产品好与不好，可以自己说了算。

说白了，就是一剪子下去把九连环剪开，简单粗暴的破局方法。这种方法的关键是，如何找到剪开九连环的剪刀。

在前面我提到过九连环格局的特点，第二个特点就是没有公开的评判标准，依赖于人的判断。这是一个极大的弊端，也可以成为一个很好的突破口。就像常春藤盟校的自主招生，虽然看似要求特别多且深不见底，但如果你做公益事业、社会服务拿到过某个国际奖项，即使你没有考托福，也会有常春藤大学愿意录取你。

总而言之，如果你有一个让人叹为观止的长板，你就可以主导规则甚至发明新规则。像南派三叔、天下霸唱这些畅销小说作家，他们本来不是影视行业的人，但凭借自己的流量进入了影视行业，甚至改变了很多行业规则。

不是有那么一句话吗？既然无力抗拒，不如学会享受。

如果这些掌控我们命运的人那么刺头，不如想办法让他们离不开我们，被需要是我们最好的保护伞。

专攻一点，是破解九连环格局最好的办法。

第三个方法，进入小圈子，成为核心成员。

另外，要破解九连环格局，还有一个比较简单的法门——当你遭遇九连环格局的时候，不如尝试着先进入一个小圈子，成为这个小圈子里面的核心成员，先尽可能把信息闭环打开，和这个小圈子同进同出，创造无数个信息链节点，大家一荣俱荣、一损俱损。

当你到了一定年龄就会发现，精英圈其实没有你想象的那么触不可及。各行各业的精英，当他们在自己的行业做到顶尖的时候，都有机会进入最核心的精英圈。今天中国的创投圈、媒体圈、出版圈和影视圈的大佬，他们之间或多或少都有点交情，甚至还有深度合作。

当你在一个行业的核心小圈子成为重要成员之后，很容易就拿到一张核心精英圈的入场券，这也是你打破九连环格局的好办法。

你可能从未做过编剧，但是你在出版圈出过超级畅销书，那么想进入影视圈并不是一件难事，当你进入行业之后，也不用像其他编剧一样从头做起。当你做出过一个百万级微信大号，想要在出版圈找到立足之地，将会变得很容易。

总而言之，想要成为一个拥抱不确定，并且从不确定中获益的积木型人物，你就需要拥有一套自己的战术和相应的战略。

佛教界有个说法，佛陀灭度之后，邪师说法如恒河沙。于是佛门弟子创造了一个三法印，作为识别是否佛陀本意的标准。

如果我们非要总结一个拥抱不确定人生的"三法印"，那应该是如下三点：

第一，尽可能创造多的信息链节点，让它们生长。

第二，抛弃存量，因地制宜地创造新的增量。

第三，尽可能营造一种积木格局，远离那些让你深陷其中的九连环格局。

最后，祝愿大家能够从不确定人生中获益，促成你的成长，成为更好的自己。